Christian Sekimonyo Shamavu
Marcellin Mulezi

Educar o público sobre os efeitos nocivos das cinzas vulcânicas

Christian Sekimonyo Shamavu
Marcellin Mulezi

Educar o público sobre os efeitos nocivos das cinzas vulcânicas

O caso dos vulcões Nyiragongo e Nyamulagira na República Democrática do Congo

ScienciaScripts

Cover image: www.ingimage.com

This book is a translation from the original published under ISBN 978-3-8416-3644-7.

Publisher:
Sciencia Scripts
is a trademark of
Dodo Books Indian Ocean Ltd. and OmniScriptum S.R.L publishing group

120 High Road, East Finchley, London, N2 9ED, United Kingdom
Str. Armeneasca 28/1, office 1, Chisinau MD-2012, Republic of Moldova, Europe
Printed at: see last page
ISBN: 978-620-7-90444-0

Conteúdo

INTRODUÇÃO GERAL

As comunidades que vivem perto de vulcões activos podem estar expostas a riscos respiratórios provocados pelas cinzas vulcânicas. É importante compreender a sua perceção dos riscos e as medidas que tomam para os atenuar, a fim de desenvolver estratégias de comunicação eficazes.

As erupções vulcânicas afectam a Terra e os seres humanos em todo o mundo. Quando um vulcão entra em erupção e/ou quando há atividade vulcânica na cratera central de um vulcão, toneladas de cinzas vulcânicas são ejectadas para a atmosfera e depositadas no solo. O perigo representado pelas cinzas vulcânicas não se limita à área próxima do vulcão, mas pode também afetar uma vasta área. As cinzas ejectadas do vulcão afectam a vida quotidiana das pessoas, perturbando as actividades agrícolas e danificando as colheitas. **(Dian Fiantis at al. 2019)**

0.0. E a pergunta

- **Espoir BISIMWA KIZUNGU (2013), o** objetivo do seu trabalho era reduzir os efeitos das plumas vulcânicas na saúde da população, a fim de alcançar o desenvolvimento social e sanitário. O autor constatou que o problema das plumas de gás vulcânico e o seu impacto na saúde da população de Goma e arredores mereciam uma atenção especial. Verificou que 75% dos inquiridos afirmaram que as plumas vulcânicas contêm gases como o flúor, ... 19,79% afirmaram que as plumas vulcânicas continham poeiras nocivas para a saúde, nomeadamente escórias e cabelos de descascadores.

Concluiu fazendo uma série de sugestões às autoridades e ao público em geral: Que as autoridades intervenham de forma concreta, financiando a investigação para poderem intensificar a vigilância do vulcão e do lago Kivu;

As autoridades devem encorajar os jovens universitários a deslocarem-se ao estrangeiro para aprofundar o estudo da vulcanologia, nomeadamente através da concessão de bolsas de estudo; os investigadores devem trabalhar dia e noite para prever todos os riscos vulcânicos possíveis; o público deve seguir os conselhos dos vulcanólogos para reduzir os riscos associados ao vulcão.

- **Sarah SCAGLIONE at al (2011), o** objetivo dos seus estudos era medir o impacto dos depósitos vulcânicos nas proximidades da cratera do vulcão Nyiragongo.

Verificaram que a grande quantidade de gases vulcânicos e de partículas emitidas (cinzas vulcânicas, cabelos descascados, escórias) inclui enxofre, halogéneos e oligoelementos, que afectam fortemente a química da água da chuva e têm um grande impacto na vegetação que rodeia o vulcão.

Após a análise das amostras de água da chuva recolhidas na borda da cratera, foram analisadas folhas de amanrantus viridis (amaranto), que é um dos principais vegetais consumidos pela população local, e sacos de musgo. A amostra de água da chuva recolhida no bordo da cratera apresentava valores baixos de PH (≈3), concentrações elevadas de F- e Cl- (até 12,0 e 12,8mg/L, respetivamente) e elementos tóxicos dissolvidos (talco Al, As, Cd, Cu, Fe e Pb). Os resultados da biomonitorização destacam que a bioacumulação de elementos vestigiais é extremamente elevada perto da borda da cratera e diminui com a distância das crateras activas.

Concluem dizendo que o vento, que sopra regularmente de leste para oeste, transporta a pluma de cinzas e outros materiais nessa direção. As cinzas destroem a vegetação e podem fazer adoecer ou mesmo matar os animais que pastam na erva ao longo desta rota, uma vez que estes fragmentos de rocha muito nocivos podem ferir o estômago. Para fazer face a estes riscos, é necessário: lavar os legumes antes de os comer, cobrir bem os alimentos durante a estação, manter o gado afastado das zonas onde caem as cinzas, ter cuidado com a água da chuva e beber apenas água tratada pela REGIDESO.

- **MAPENZI BALUME (2015), o** objetivo do seu trabalho era sensibilizar a população de Goma para os riscos associados às actividades vulcanológicas sobre os investimentos, a fim de salvaguardar a vida e o equilíbrio socioeconómico da cidade de Goma.

O autor constatou que as atitudes da população da cidade de Goma estão ligadas à religiosidade e aos mitos sobre o vulcão, tais como: o vulcão não pode entrar em erupção onde costumava entrar. São os antepassados que decidem se o vulcão vai entrar em erupção ou não. Os vulcões não entram em erupção em todo o lado ao mesmo tempo.

Na sequência do inquérito, o autor chegou à conclusão de que 64% da população considera que a sensibilização e a informação sobre os riscos vulcânicos na cidade de Goma podem prevenir e/ou reduzir esses riscos. Através da adoção de atitudes adequadas e da criação de instrumentos de gestão, tais como um plano de contingência em caso de crise. O autor conclui propondo um projeto de sensibilização da população da cidade de Goma para os riscos vulcânicos, com um custo global de 890.805.85 dólares por ano, a fim de melhorar as práticas em matéria de riscos vulcânicos. Apelou igualmente a todos - governo, OVG, população local e doadores - para que apoiem técnica, financeira e materialmente o projeto.

- **Henry GAUDRU (2008)**, o objetivo deste estudo era avaliar os riscos para as pessoas que vivem perto do vulcão.

O Comissário referiu que cerca de 50 a 60 vulcões entram em erupção todos os anos em todo o mundo. As maiores erupções põem em risco a vida das pessoas e destroem zonas povoadas. A maioria dos vulcões mais perigosos situa-se em países do Terceiro Mundo, como demonstra o número de vítimas.

Verificou-se que apenas os fluxos piroclásticos foram responsáveis por 32% das vítimas a nível mundial, enquanto as cinzas vulcânicas, os lahares, os tsunamis, os gases vulcânicos, a fome e os riscos desconhecidos foram responsáveis por 21%, 17%, 19%, 6%, 1% e 4%, respetivamente, das vítimas a nível mundial.

Conclui dizendo que a atenuação dos riscos vulcânicos é possível, mas requer uma combinação de muitos elementos, em particular: prevenção científica, sensibilização do público, e continua dizendo que, embora o estudo, a previsão e o alerta sejam a principal tarefa dos cientistas, devemos também fazer um esforço para educar os funcionários, os meios de comunicação social e a população local sobre as medidas adequadas. Todos estes factores ajudar-nos-ão a mitigar significativamente os efeitos das erupções vulcânicas e a salvar vidas humanas.

- **NDULU JUAKALI Mediadora (2016);** o seu objetivo era contribuir para melhorar as funções do Observatório Vulcanológico de Goma (OVG).

O Comissário salientou que os perigos do vulcão são de temer antes, durante e depois da erupção, porque a lava vulcânica não poupa ninguém à sua passagem, sem esquecer os efeitos das várias emanações, como os gases e as cinzas vulcânicas, razão pela qual a melhoria do papel do observatório vulcanológico de Goma é de importância vital.

Verificou que 41,6% dos inquiridos afirmaram que o papel do OVG consistia em evacuar a população para zonas adequadas e 31,8% consideraram que o papel do OVG consistia em sensibilizar a população para os riscos vulcânicos.

Conclui delineando estratégias para garantir que o OVG esteja equipado com equipamento de vigilância seguro para evitar o vandalismo e que o pessoal esteja devidamente motivado em relação aos seus salários.

- **Julien LUKUBIKA (2019);** o objetivo do seu trabalho era determinar os conhecimentos, atitudes e práticas dos agregados familiares na cidade de Goma, no distrito de Majengo, sobre os riscos associados à proximidade do vulcão Nyiragongo. O autor constatou que, dos sete (7) riscos associados à proximidade do vulcão, incluindo fluxo de lava, cinzas vulcânicas e projeção vulcânica, nuvem incandescente, gases vulcânicos, fluxo de lama (lahar), instabilidade e tsunami. Os únicos perigos conhecidos pela maioria dos agregados familiares são a nuvem brilhante, a projeção vulcânica e o tsunami, daí o baixo nível de conhecimento dos agregados familiares no distrito de Majengo sobre os riscos associados à proximidade do vulcão Nyiragongo.

Após o inquérito, o autor constatou que 33,4% das famílias estavam completamente insatisfeitas com o que estavam a fazer para limitar os danos causados pelos riscos no futuro. Daí a necessidade de desenvolver uma relação

com os cientistas e as autoridades políticas e administrativas, para sensibilizar e atenuar os riscos associados à proximidade do vulcão Nyiragongo.
A partir destes documentos, podemos constatar que não somos os primeiros investigadores a realizar pesquisas sobre o vulcanismo, mas o nosso tema de investigação difere dos outros, na medida em que se trata de estudar os **conhecimentos, as atitudes e as práticas dos habitantes de Rusayo relativamente aos efeitos na saúde das cinzas vulcânicas emitidas pelo vulcão Nyiragongo**.

0.1. Problemas

Cerca de 600 milhões de pessoas em todo o mundo vivem em zonas potencialmente afectadas por riscos vulcânicos. Durante uma crise vulcânica, as pessoas podem ser evacuadas para se protegerem de perigos que põem em risco a sua vida (por exemplo, fluxos piroclásticos), mas podem ainda estar expostas a emissões vulcânicas atmosféricas potencialmente perigosas. As cinzas vulcânicas são um perigo omnipresente, potencialmente distribuído por milhares de quilómetros quadrados. A inalação de cinzas pode exacerbar os sintomas de asma e bronquite já existentes, bem como sintomas respiratórios como a tosse e a falta de ar. No entanto, o perigo das cinzas vulcânicas para a saúde respiratória depende da sua composição físico-química, que pode variar consideravelmente de uma erupção para outra. **(Judith Coveya at al., 2019)**
Devido aos riscos para os aviões que voam através de uma nuvem de cinzas vulcânicas, a Organização da Aviação Civil Internacional introduziu em 2002 um "Volcanic Watch" para as rotas aéreas internacionais. As finas partículas de cinzas ejectadas a grande altitude durante as erupções podem danificar os motores e os componentes electrónicos das aeronaves e reduzir a visibilidade dos pilotos (**Canthy Clerbaux at al.** ***2011).***
Os residentes da Região Especial de Yogyakarta sofreram os acontecimentos de 2010; a erupção "centenária" do vulcão Merapi (localizado a apenas 30 km a norte de Yogyakarta), durante a qual caíram cinzas substanciais sobre as comunidades, tendo nessa ocasião a PMI Yogyakarta (filial local da Cruz Vermelha Indonésia) distribuído cerca de 1 milhão de máscaras faciais básicas. **(Damby at al., 2013)**
Durante os períodos de atividade vulcânica, as comunidades da cidade de Kagoshima e dos distritos rurais circundantes de Kihoku, Ushine, Kaigata e da própria ilha de Sakurajima têm estado expostas a frequentes quedas de cinzas. A cidade tem práticas de remoção de cinzas bem organizadas, incluindo a utilização regular de varredores de cinzas e a distribuição de sacos de plástico amarelos às pessoas para recolherem as cinzas das suas propriedades. Embora o governo local da cidade de Kagoshima recomende uma redução da exposição,

incluindo a abstenção de sair para o exterior e a utilização de uma máscara em caso de forte queda de cinzas. Embora o governo local esteja a armazenar máscaras para utilização em caso de pandemia de gripe, as máscaras não estão a ser sistematicamente distribuídas. Por conseguinte, se os residentes ou visitantes desejarem utilizá-las, devem obter as suas próprias. **(Judith Coveya at al., 2019)**
Cada vulcão é único e as quantidades de dióxido de enxofre e de cinzas vulcânicas emitidas variam, assim como as alturas a que são injectadas na atmosfera. O SO2 é frequentemente emitido antes de uma erupção e pode, por conseguinte, ser utilizado como um indicador para alertar para uma erupção iminente. As erupções podem ser acompanhadas de cinzas vulcânicas. Todos os anos, várias erupções são detectadas pelo IASI (*Infrared Atmospheric Sounding Interferoleter*). O seu impacto na aviação varia consoante a zona geográfica afetada, a altitude a que o SO2 foi injetado, a presença de cinzas e a persistência do evento. Os meses de maio e junho de 2011 foram marcados por uma sucessão de três erupções vulcânicas que colocaram em alerta permanente os centros responsáveis pela vigilância do espaço aéreo. **(Canthy Clerbaux at al. *2011)***
A nuvem de cinzas vulcânicas provocada pela erupção de um vulcão na Islândia constitui uma verdadeira ameaça para os aviões que por lá passam.
Vários milhares de passageiros ficaram retidos em terra depois de uma grande parte do espaço aéreo do norte da Europa ter sido encerrada devido a uma enorme nuvem de cinzas vulcânicas causada por uma violenta erupção vulcânica na Islândia. **(Teade NEIL 2010)**
As cinzas de um vulcão no topo do glaciar Eyjafjallajokull, a segunda grande erupção vulcânica em menos de um mês, espalharam-se para leste através do Atlântico, obrigando ao encerramento do espaço aéreo a mais de 1.700 quilómetros de distância. O Reino Unido, a Dinamarca, a Noruega e a Suécia encerraram os seus espaços aéreos. Por seu lado, a Bélgica, a França, a Finlândia, a Alemanha, os Países Baixos e a Espanha sofreram numerosas perturbações no seu tráfego aéreo. As cinzas vulcânicas representam uma ameaça real para os motores dos aviões", explica o geólogo Teade Neil, "e qualquer avião que voe da Europa para os Estados Unidos poderia correr o risco de voar através de uma nuvem de cinzas vulcânicas, e esse não é um risco que valha a pena correr" (**Idem**).
A queda de cinzas foi substancial na pequena comunidade agrícola do sul da Islândia, perto do vulcão (até 4 cm foram depositados nas terras baixas a sul do vulcão em 17 de abril). Durante a erupção, houve pouca precipitação na região e os depósitos de cinzas continuaram a ser ressuspensos pelo vento e pela atividade humana durante meses após o fim da erupção. Cientistas islandeses

instalaram estações de monitorização do ar ambiente nas áreas afectadas. **(C. J Horwel at al. ; 2013)**

As cinzas vulcânicas tendem a instalar-se na atmosfera a uma altitude de 11.000 metros, a altitude normal de cruzeiro de um avião. A cinza é tão perigosa por causa da poeira fina que é quase invisível a olho nu. É por isso que os pilotos voam através da nuvem de cinzas sem se aperceberem, activando a sucção de nanopartículas de poeira vulcânica nos motores dos aviões, que os entopem.

Em 1982, quando um voo da British Airways proveniente de Kuala Lumpur (Malásia) evitou por pouco um desastre ao atravessar uma nuvem de cinzas vulcânicas sobre o Pacífico, o incidente levou o *sector da aviação* a repensar a forma como lida com as nuvens de cinzas. É graças a isso que os planos de contingência internacionais foram activados assim que uma nuvem de cinzas é identificada por um satélite, e o espaço aéreo é fechado como medida preventiva. **(Teade NEIL; 2010)**

De acordo com Teade Neil (2010), é difícil prever onde e durante quanto tempo o espaço aéreo será afetado pelas cinzas vulcânicas. Tal dependerá da violência da erupção vulcânica, do tempo que o vulcão lança cinzas para o ar e do tempo que o vento continua a soprar a nuvem de cinzas.

A erupção do vulcão Nabro, em 12 de junho de 2010, na fronteira entre a Etiópia e a Eritreia, teve efeitos nefastos para a população etíope. O vulcão entrou em erupção em 12 de junho de 2010, expelindo cinzas vulcânicas ao longo de várias centenas de quilómetros, contaminando as fontes de água e perturbando o tráfego aéreo em certas regiões. Como a população etíope não tinha as atitudes e práticas adequadas para lidar com a precipitação de cinzas, as repercussões negativas da erupção levaram a um aumento do número de casos registados de mortalidade de animais, de deslocações e de problemas de saúde entre a população, bem como a uma grave escassez de água e a um ressurgimento da subnutrição nas Woredas (divisões administrativas) mais afectadas pela erupção, de acordo com um relatório do Gabinete de Coordenação dos Programas de Prevenção de Catástrofes e de Segurança Alimentar em Afar, na Etiópia. **(Annal of Ethiopia 2010/Vol 25)**

O vulcão NYIRAGONGO (República Democrática do Congo) pertence à cadeia vulcânica de Virunga e é um dos vulcões mais activos de África. Só ele produz entre 7 000 e 50 000 toneladas de poluentes (plumas de gás, cinzas vulcânicas, etc.) por dia. Este registo de poluição é estimado em quase todas as emissões da União Europeia num mês **(Dario Tedesco at al.2016).**

De acordo com um estudo da **Universidade de Florença, OVG e GEVA (2005)**, a atividade do vulcão Nyiragongo tem um impacto grave não só na flora do cume, mas também na de todas as regiões circundantes, especialmente as situadas a noroeste, sudoeste e sul do vulcão. Tanto as espécies vegetais selvagens como as domésticas (cultivadas pelos agricultores) são atacadas pelos depósitos vulcânicos e as águas pluviais são contaminadas por eles. Neste estudo, afirmam também que as plantas cultivadas são mais vulneráveis do que as plantas silvestres, o que causa um grave problema para os recursos alimentares da população das áreas em causa, mas também para toda a economia das aldeias que rodeiam os vulcões, uma vez que as plantas cultivadas não são apenas consumidas como vegetais pela população local, mas são também vendidas nos mercados urbanos.

Cerca de 40 000 a 50 000 pessoas que vivem em redor do vulcão Nyiragongo dependem da água da chuva recolhida em cisternas. **(Jacques Durieux at al.; 2011**) A mesma água que queima a vegetação é a que as pessoas bebem. Para além disso, foram também encontrados níveis elevados de flúor provenientes dos dois vulcões na água potável.

Em RUSAYO, na RDC, uma aldeia situada a sudoeste do vulcão Nyiragongo, os habitantes não têm conhecimentos suficientes sobre a pluma de cinzas vulcânicas (práticas e atitudes a adotar quando caem cinzas vulcânicas) e as cinzas vulcânicas são um dos efeitos mais nocivos para as pessoas que vivem perto de vulcões activos, uma vez que contêm vários elementos químicos prejudiciais para a saúde humana, como o flúor, o dióxido de enxofre, etc. O grupo RUSAYO é uma das aldeias mais pobres, e os habitantes dependem da agricultura como fonte de rendimento e de alimentos básicos (legumes, por exemplo), enquanto a vegetação nesta zona é mais frequentemente invadida. O grupo RUSAYO é uma das aldeias mais pobres e os seus habitantes dependem da agricultura como fonte de rendimento e de alimentação básica (legumes, por exemplo), enquanto a vegetação desta zona é frequentemente invadida por depósitos vulcânicos e, na maior parte das vezes, por cinzas vulcânicas e cabelos descascados, causando uma série de doenças entre os habitantes. Uma vez que a água da chuva também está contaminada pelas emissões vulcânicas, os habitantes de RUSAYO continuam a recorrer à água da chuva como principal fonte de água potável, sem saberem que a água da chuva contém vários contaminantes provenientes das emissões vulcânicas, incluindo as cinzas vulcânicas suspensas na atmosfera, que por sua vez contêm uma elevada concentração de fluoreto. Ao beberem a água da chuva, os habitantes de RUSAYO estão a expor-se a níveis elevados de flúor, o que provoca fluorose. Esta fluorose ataca não só os dentes, mas também todos os ossos do esqueleto. Suspeita-se que o aumento do número de mortes de bovinos e caprinos tenha sido causado pelo consumo de erva revestida de cinzas, o que levou à deterioração do sistema digestivo dos animais e à intoxicação por fluorose ou

excesso de flúor.
Quando questionado sobre os efeitos das cinzas vulcânicas na saúde humana na sua área de saúde, o diretor do centro de saúde de Rusayo, **Dr. Jean Bosco**, disse que os médicos locais tinham relatado um aumento na prevalência de problemas digestivos e diarreia, um efeito comum do enxofre. Os médicos locais também notaram um aumento das doenças respiratórias entre os seus pacientes durante os períodos em que o vulcão Nyiragongo liberta cinzas para a atmosfera. Os agricultores afirmam igualmente que as suas colheitas falham durante o período em que o vulcão Nyiragongo liberta uma quantidade de cinzas vulcânicas na atmosfera; as cinzas vulcânicas, ao fixarem-se nas várias culturas, nomeadamente no feijão, na batata, na mandioca e outras, têm um impacto negativo nas suas colheitas. As plantas mais afectadas são as mais essenciais para a segurança alimentar, como o feijão, a banana, a batata, a batata-doce e o milho.
Num comunicado de imprensa, o Observatório Vulcanológico de Goma (OVG) tranquiliza a população de Goma e arredores, afirmando que as cinzas vulcânicas que caíram sobre uma grande parte da zona em torno do vulcão Nyiragongo na tarde de sábado, 24 de julho de 2021, são o resultado do colapso de uma parte da crosta da cratera central do vulcão Nyiragongo. A Comissão Europeia apela igualmente à observância das regras de higiene, cobrindo cuidadosamente os alimentos e lavando a loiça, e à não utilização da água da chuva como água potável.
(www.grandlacksnews.comm/l-ovg-rassure-après-la-chute-des-cendres-vulcões-na-zona-em-redor-do-vulcão-nyiragongo)
Quando as cinzas caem, as comunidades precisam de informações rápidas e precisas sobre os prováveis impactos respiratórios de fontes fiáveis, como as agências governamentais (por exemplo, proteção civil/gestão de emergências ou saúde), mas isso ainda é dificultado pela falta de informações científicas imediatas sobre o risco provável das cinzas. **(C.J. Horwell at al. 2017)**
Tendo em conta o que precede, colocámos a nós próprios uma série de questões:
Questão principal:
O que é que a população de RUSAYO sabe sobre os efeitos das cinzas vulcânicas emitidas pelo vulcão Nyiragongo na saúde?
Perguntas específicas
1. Quais são as atitudes da população de RUSAYO face às cinzas vulcânicas emitidas pelo vulcão Nyiragongo?
2. Como é que a população de RUSAYO se protege das cinzas vulcânicas emitidas pelo vulcão Nyiragongo?
3. Qual é a solução para atenuar os efeitos na saúde das cinzas vulcânicas

emitidas pelo vulcão Nyiragongo?

0.2. Pressupostos do trabalho

❖ **Hipótese principal:**

Diz-se que a população de RUSAYO tem pouco conhecimento dos efeitos para a saúde das cinzas vulcânicas emitidas pelo vulcão Nyiragongo;

❖ **Pressupostos específicos:**

1. A atitude da população de RUSAYO perante as cinzas vulcânicas foi a de entrar em pânico e abandonar a zona de precipitação, considerando-a um fenómeno normal;
2. Para se protegerem das cinzas vulcânicas, os habitantes de RUSAYO mantêm o seu gado afastado da zona de precipitação, bebem água da chuva e não fazem nada de especial em caso de queda de cinzas vulcânicas;
3. A construção de fontanários no grupo RUSAYO e/ou o reforço das capacidades da população de RUSAYO em matéria de cinzas vulcânicas seria uma solução para este problema.

0.3. Objectivos do trabalho

❖ **Objetivo geral**

Redução do risco de efeitos na saúde das cinzas vulcânicas emitidas pelo vulcão Nyiragongo no grupo RUSAYO.

❖ **Objectivos específicos**

1. Avaliar as atitudes dos habitantes de RUSAYO face às cinzas vulcânicas emitidas pelo vulcão Nyiragongo;
2. Determinar as práticas dos habitantes de RUSAYO em relação às cinzas vulcânicas emitidas pelo vulcão Nyiragongo;
3. Desenvolver um projeto de construção de fontanários no grupo RUSAYO e/ou reforçar as capacidades da população de RUSAYO para lidar com as cinzas vulcânicas emitidas pelo vulcão Nyiragongo.

0.4. Escolha e interesse do sujeito

a. Escolha do tema

A escolha do nosso tema foi motivada por observações feitas no terreno durante a investigação no Observatório Vulcanológico de Goma (OVG). Ao constatarmos a situação socio-sanitária dos habitantes de Rusayo (uma das aldeias situadas perto do vulcão Nyiragongo) durante as nossas várias visitas de campo, estando estes habitantes expostos durante longos períodos às plumas de cinzas vulcânicas e não sabendo o que fazer antes, durante e depois da queda de cinzas vulcânicas, sentimos a necessidade de orientar a população através deste estudo.

b. Interesse pelo tema

- **Científico:** os resultados deste trabalho informarão e constituirão uma base de dados para futuros investigadores neste domínio;

- **Social:** sensibilizar a população para os danos causados pelas cinzas vulcânicas emitidas pelo vulcão e permitir que as pessoas que trabalham para ajudar a população que vive perto do vulcão desenvolvam as suas actividades de forma a reduzir os riscos para a população que vive perto de um vulcão ativo;
- **Pessoal:** Este trabalho é de grande interesse para nós porque nos ajudará a aprofundar os nossos conhecimentos sobre a gestão de problemas comunitários, fornecendo soluções eficazes e participativas.

0.5. Delimitação espacial, temporal e material

Delimitámos o nosso estudo no tempo e no espaço para evitar um carácter abrangente que poderia, em última análise, dar-nos resultados enviesados.

O eixo espacial inclui o Grupo RUSAYO no território NYIRAGONGO no Kivu Norte da RDC. O período de referência é de janeiro a novembro de 2022.

0.6. Subdivisão do trabalho

Para além da Introdução e da Conclusão Geral, esta obra é composta por três (3) capítulos, nomeadamente

Chapitre 1. APRESENTAÇÃO DO GRUPO RUSAYO E INFORMAÇÕES GERAIS SOBRE OS CONHECIMENTOS, ATITUDES E PRÁTICAS DOS HABITANTES DE RUSAYO RELATIVAMENTE ÀS CINZAS VULCÂNICAS

Chapitre 2. ABORDAGEM METODOLÓGICA, APRESENTAÇÃO E DISCUSSÃO DOS RESULTADOS DO INQUÉRITO

Chapitre 3. PROJECTO DE DESENVOLVIMENTO PARA A CONSTRUÇÃO DE FONTANÁRIOS NO DISTRITO DE RUSAYO

0.7. Limitações da investigação

Como não há rosa sem espinhos, a realização deste trabalho não foi uma tarefa tão fácil como se poderia pensar. A falta de bibliotecas específicas na zona, a dificuldade de acesso a certos dados e as más ligações à Internet dificultaram a pesquisa. Foram estas as dificuldades que tivemos de enfrentar ao longo do nosso estudo.

CONCLUSÃO PARCIAL

O objetivo deste capítulo era fazer uma retrospetiva de outros investigadores que desenvolveram um tema semelhante ao nosso, a fim de compreender melhor o nível de conhecimentos, as atitudes e as práticas dos habitantes de RUSAYO em relação às cinzas vulcânicas. Citámos os investigadores consultados e, em seguida, apresentámos o nosso problema, o que nos permitiu apresentar os perigos enfrentados pelos habitantes de RUSAYO, o que, por sua vez, nos levou a colocar questões para as quais propusemos soluções provisórias. Neste mesmo capítulo, mostrámos os objectivos e os interesses do nosso objeto de estudo.

CAPÍTULO I

APRESENTAÇÃO DO GRUPO RUSAYO E INFORMAÇÕES GERAIS SOBRE OS CONHECIMENTOS, ATITUDES E PRÁTICAS DOS HABITANTES DE RUSAYO RELATIVAMENTE ÀS CINZAS VULCÂNICAS EMITIDAS PELO VULCÃO NYIRAGONGO

INTRODUÇÃO

Esta secção analisa algumas informações importantes sobre o grupo RUSAYO, bem como uma revisão da literatura e conceitos-chave sobre o assunto (conhecimentos, atitudes e práticas dos habitantes de Rusayo relativamente aos efeitos na saúde das cinzas vulcânicas emitidas pelo vulcão Nyiragongo).

I.1. DESCRIÇÃO DO GRUPO RUSAYO

1.1.Localização geográfica

O grupo RUSAYO está situado no território de Nyiragongo, no distrito de Bukumu, no Kivu do Sul, na República Democrática do Congo.

É limitado:

- ✓ No Norte: Parque Nacional de Virunga;
- ✓ A sul: a cidade de Goma /comuna de Karisimbi ;
- ✓ A leste por: Groupement Mudja; e
- ✓ Em Oust by: o Grupo Kamuronza.

(Fonte: Secretário Administrativo do grupo Rusayo)

a. Solo e vegetação

O grupo Rusayo tem um solo vulcânico, derivado da meteorização de lava e cinzas vulcânicas; um solo com boa fertilidade.

A vegetação dominante no grupo Rusayo é o eucalipto.

1.2.Aspectos políticos e administrativos

O grupo Rusayo é dirigido por um chefe de grupo, Mwami **Janvier KAMBUMBA BANGUMYA.**

O grupo Rusayo tem 7 aldeias e cada aldeia tem um chefe de aldeia e um notável, incluindo :

N°	Aldeia	Chefe de aldeia
O1	KARAMBI	MAPINDUZI MUREFU
02	RUKORWE	NDYANABO MUNIHIRE
03	KALANGALA	MOISE KANANE
04	KATWA	SAFARI MAHANGA
05	SHANGUTA	NTAWIHEBA MBANZA
06	KAHANDE	BUZIMANA BANGUMYA
07	KABALE-KATAMBI	KABUMBA MUREFU

Desde a criação do grupo Rusayo em **1945,** Rusayo teve 4 chefes de grupo:

N°	Nome e nome do posto	Período
01	KAHANDE KAMIRIMO	1945-1960
02	BANGUMYA BAHIYI	1960-1994
03	Jean-Pierre BANGUMYA	1994-2009
04	Janvier KAMBUMBA BANGUMYA	2009 até ao presente

1.3.Dados demográficos

O agrupamento Rusayo é o lar de várias tribos:

- ✓ O Bakumu ;
- ✓ O Nande ;
- ✓ O Batembo ;
- ✓ O Hunde ;
- ✓ Etc.

O distrito de Rusayo tem uma **população** total **de 28412 habitantes.**

Homens Mulheres Jovens Raparigas Total Rapazes	
Population local	**804393784939605228412**

(Fonte: recenseador do grupo Rusayo; julho de 2022)

I.2 INFORMAÇÕES GERAIS SOBRE OS CONHECIMENTOS, ATITUDES E PRÁTICAS DOS HABITANTES DE RUSAYO RELATIVAMENTE ÀS CINZAS VULCÂNICAS EMITIDAS PELO VULCÃO NYIRAGONGO

1.2.1. Definição de conceitos-chave

a) conhecimento: faculdade de saber; modo de compreender, de perceber. (*LAROUSSE: dicionário enciclopédico)*

Em filosofia, o conhecimento é o estado de saber ou de conhecer algo. O "conhecimento" também se refere às coisas que são conhecidas e, por extensão, às coisas que são consideradas como conhecimento por um determinado indivíduo ou sociedade. (https://fr.wikipedia.org/wiki/Connaissance filosofia)

b) atitude: maneira de se comportar (*LAROUSSE: dicionário). enciclopédico*)

Para **Thomas e Znaniecki**, uma atitude é sempre orientada para um objeto. Permite prever o comportamento real e potencial de um indivíduo face a um estímulo social. (https://www.universalis.fr-encyclopedie-attitude-1 -le-conceptd-attitude)

c) prática: o ato de realizar uma atividade concreta; experiência, hábito profundo. (*LAROUSSE: dicionário enciclopédico*)

Aplicação, execução, colocação em ação das regras e princípios de uma ciência, técnica, arte, conhecimento, etc., por oposição à teoria. (https://www.larousse.fr/dictionnaires/francais/pratique/63257)

d) Habitante: pessoa que vive habitualmente num lugar; ser humano ou animal que se instala num lugar (*LAROUSSE: dicionário enciclopédico*).

e) Cinzas vulcânicas: As cinzas vulcânicas são fragmentos de rochas e minerais com menos de 2 mm de diâmetro, ejectados por um vulcão. Estas partículas são tão finas que podem viajar centenas de quilómetros e cair na terra sob a forma de chuvas de cinzas.
(https://fr.wikipedia.org/wiki/Cendre volcano/definition)

f) vulcão: Do latim vulcanus, vulcaine=deus do fogo; montanha cónica resultante da acumulação de matéria das entranhas da terra, que sobe por uma fenda na crosta terrestre (chaminé) e sai por uma abertura circular (cratera). **(LAROUSSE: Maxipoche 2009)**

Local onde os produtos (gases, líquidos e sólidos) de origem magmática profunda, que podem ser terrestres ou submarinos, são libertados à superfície (www. georisques.gouv.fr/dossier/volcanism).

g) vulcanismo: Toda a atividade vulcânica. **(LAROUSSE: Maxipoche 2009)**

h) vulcânico: relativo aos vulcões **(LAROUSSE : Maxipoche 2009)**

1.2.2. Abordagem teórica

1. 2.2.1. CONHECIMENTO DAS CINZAS VULCÂNICAS

1.1.Composição das cinzas vulcânicas

Ao contrário das cinzas de combustão, as cinzas vulcânicas são duras e abrasivas. Não se dissolve na água e conduz bem a eletricidade, sobretudo quando está molhada. Durante uma chuva de cinzas, o céu fica enevoado ou amarelado e paira no ar um odor sulfuroso. A composição das nuvens de cinzas vulcânicas varia consoante os vulcões. No entanto, de um modo geral, são compostas principalmente por sílica (>50%), com quantidades menores de óxidos de alumínio, ferro, cálcio e sódio. A sílica apresenta-se sob a forma de silicatos vítreos e, ao microscópio eletrónico de varrimento, tem o aspeto de fragmentos de vidro com arestas vivas. O material de silicato vítreo é muito duro, geralmente de nível de dureza 5 ou 6 na escala de Mohs1 (semelhante a uma lâmina de canivete típica), com uma proporção de dureza do material equivalente à do quartzo (nível 7), e na forma de pó é extremamente abrasivo. **(Organização da Aviação Civil Internacional, 2007)**

Constituinte	Fuego, 1974	Monte St. Helens Helens, 1980	El Chichon, 1982	Galunggung, 1982
		Percentagem em peso		
SiO2	53.30	71.40	68.00	61.30
Al2O3	18h70	14h60	15.90	7.10
Fe2O3, FeO	9.10	2.40	1.60	7.10
CaO	9h40	2.60	2.12	5.70
Na2O	3.90	4h30	4.56	4.00

MgO	3.40	0.53	0.25	4.00
K20	0.80	2.00	5.05	1.70
Ti02	1.20	0.37	0.29	1.3
P205	-	0.99	0.00	E0.33

Figura 1: Tabela que mostra a composição das partículas de cinzas encontradas nas nuvens de cinzas das erupções de quatro vulcões (Organização da Aviação Civil Internacional, 2017).

1.2.Perigos das cinzas vulcânicas

A respiração das cinzas vulcânicas pode causar problemas às pessoas com problemas respiratórios. As suas superfícies abrasivas podem causar irritação na pele e nas membranas mucosas. A combinação de cinzas e humidade nos pulmões pode transformá-las num cimento líquido que pode dificultar a respiração. Por este motivo, é aconselhável respirar através de um pano ou máscara (https://fr.wikipedia.org/wiki/Cendre vulcânica).

a) Efeitos das cinzas vulcânicas na saúde

Os efeitos das cinzas na saúde podem ser divididos em várias categorias: efeitos respiratórios, sintomas oculares, irritação da pele e efeitos indirectos.

1. Efeitos respiratórios

Nalguns casos, as erupções podem enviar cinzas muito finas para os pulmões. Com níveis elevados de exposição, mesmo pessoas muito saudáveis podem ficar doentes com os seguintes sintomas agudos:

- Irritação nasal com corrimento nasal. Irritação da garganta e angina, por vezes acompanhada de tosse seca.
- As pessoas com dores no peito podem desenvolver sintomas graves de bronquite que duram alguns dias após a exposição às cinzas (produção de expetoração, pieira, respiração superficial).
- Irritação das vias respiratórias em pessoas com asma ou bronquite.
- A respiração torna-se desconfortável.

As cinzas finas também fazem com que o revestimento das vias respiratórias produza mais secreções, o que pode fazer com que as pessoas tossam e respirem com mais dificuldade. Os asmáticos sofrem, especialmente as crianças que estão muito expostas às cinzas quando brincam. Podem sofrer de tosse, aperto no peito e pieira.

2. Sintomas oculares

A irritação ocular é um efeito comum para a saúde, uma vez que um pedaço de cascalho ou areia pode causar arranhões dolorosos na frente do olho e conjuntivite.

Os sintomas comuns incluem:

- Os olhos sentem um corpo estranho dentro deles, tornam-se dolorosos, perturbadores e infectados com sangue.

- o Apresentar rasgões ou rasgões viscosos.
- o Abrasão ou arranhões na córnea
- o Conjuntivite aguda ou inflamação do saco conjuntival que envolve o "globo ocular" devido à presença de cinzas, provocando vermelhidão, ardor nos olhos e fotossensibilidade.

3. Efeitos indirectos na saúde

Os impactos indirectos na saúde da queda de cinzas em grande escala também devem ser considerados. Por exemplo:

A queda de cinzas reduz indubitavelmente a visibilidade e pode causar acidentes rodoviários. As cinzas finas, molhadas ou secas, são escorregadias e reduzem a tração. Dependendo da quantidade de cinzas que cai, pode tornar a estrada intransitável e cortar a vida quotidiana da comunidade.

A pluma de cinzas pode ser perigosa quando um avião passa nas proximidades. As cinzas finas entram nas turbinas, impedem o funcionamento dos motores e podem provocar uma aterragem forçada.

4. Precauções especiais para crianças

Quando as cinzas caírem, siga as instruções abaixo para a segurança das crianças:

- o Manter as crianças em casa, se possível.
- o Aconselhar as crianças a não brincarem no exterior ou a correrem para evitar a ingestão de cinzas para os pulmões.
- o Quando as crianças estiverem no exterior durante a queda de cinzas, devem usar uma máscara aprovada. Caso contrário, devem procurar abrigo até receberem instruções complementares.

(Rede Internacional de Riscos Vulcânicos para a Saúde (IVHHN) em Al: 2017)

b) Proteger-se das cinzas vulcânicas

Proteja-se com uma máscara contra o pó ou com um pano improvisado. As pessoas que sofrem de asma, bronquite ou enfisema são aconselhadas a permanecer em casa. Proteger os olhos com óculos de proteção. Evite sair à rua quando não for necessário. Em alternativa, utilize um guarda-chuva. Limitar a condução e, se necessário, tomar um medicamento para a asma.

Distância de segurança.

Imediatamente após a queda das cinzas, a visibilidade e a qualidade do ar podem ser afectadas pela suspensão de cinzas finas. A queda de cinzas pode tornar a água imprópria para consumo. Por este motivo, é importante abastecer-se de água antes da erupção. Se for utilizada água da torneira, não a beba durante e após a erupção, exceto se os serviços de segurança o contra-indicarem. Cobrir as cisternas abertas.

Humedecer ligeiramente as cinzas antes da limpeza para evitar problemas de sobrecarga do telhado e de exposição excessiva a cinzas secas.
As cinzas vulcânicas podem contaminar a água, nomeadamente a água das cisternas. A maioria das cisternas não está coberta e a quantidade de cinzas, por mais pequena que seja, pode causar problemas de água potável. Durante e após a queda das cinzas, as cisternas devem ser limpas se as cinzas contiverem níveis elevados de flúor (1,5mg/l, limiar fixado pela OMS). A água que contém este elemento, quando ingerida, pode provocar uma doença conhecida por "fluorose".
A carga de cinzas pode provocar a queda de telhados, ferimentos e mesmo a morte. Durante as erupções, houve pessoas que perderam a vida ao caírem dos telhados para tentar limpar as cinzas.
Os animais estão expostos ao perigo de envenenamento quando pastam na relva coberta de cinzas que contêm ácido fluorídrico **(Judith Covey at al.2019).**

c) Medidas a tomar em caso de queda de cinzas vulcânicas

- Fechar as janelas e as portas em caso de queda de cinzas.
- Tapar as fendas que possam permitir a saída das cinzas. Proteger os equipamentos electrónicos até que toda a cinza tenha sido removida.
- Evitar que as cinzas entrem nas condutas domésticas, mas permitir que a água das cinzas escorra.
- Cobrir as cisternas; armazenar água antes da queda das cinzas e não utilizar água da torneira durante o outono, especialmente se estiver a chover.
- As pessoas com bronquite, enfisema ou asma devem permanecer abrigadas e evitar a exposição às cinzas. Certifique-se de que há água e alimentos saudáveis em reserva.
- Conhecer o plano de emergência da escola do seu filho.

d) O que fazer em caso de queda de cinzas

- Não entrar em pânico, manter a calma.
- Ficar em casa ou no escritório - abrigar-se. Utilize uma máscara, um lenço ou um pano para tapar o nariz e a boca.
- Se o alerta for dado antes do início da queda, regressar a casa.
- Não utilizar o telefone se não houver uma emergência.
- Ouvir a rádio para acompanhar a evolução da erupção cutânea. Não usar lentes de contacto para evitar a abrasão da córnea.
- Se houver cinzas na água, deixe-as assentar e utilize apenas água limpa. Se houver muita cinza na água, não utilize a máquina de lavar roupa. A água contaminada por cinzas (a água está turva) pode representar um risco para a saúde.

o Comer legumes e rizomas depois de bem lavados.

e) Limpeza de cinzas vulcânicas

A cinza vulcânica é diferente da poeira normal. Tem uma estrutura cristalina e, por isso, é abrasiva em qualquer superfície em que seja esfregada. A cinza vulcânica é um problema porque pode ser encontrada em toda a casa, no escritório, em equipamentos electrónicos e informáticos e nas canalizações, causando danos irreparáveis. A cinza é remobilizada pelo vento e pela chuva, que a podem transportar para áreas previamente limpas ou não afectadas.

Atenção! Tomar precauções durante a limpeza das cinzas. Usar máscaras e óculos de proteção. Humedeça ligeiramente as cinzas. Não deixe que as cinzas se acumulem mais de alguns centímetros no telhado da sua casa, pois há o risco de desabamento. Se utilizar uma escada, tenha muito cuidado, pois as cinzas tornam as superfícies escorregadias.

o Feche todas as casas, carros, máquinas e sistemas de canalização e limpe as cinzas ao mesmo tempo. Utilize uma pá e uma vassoura dura. Coloque as cinzas num saco de plástico ou num camião.

o Utilizar menos água para limpar o local. No entanto, a chegada da chuva impedirá que as cinzas subam, mas drenará uma quantidade enorme para o sistema de tubagens e para o mar.

o Sacudir a roupa antes de entrar em casa ou no escritório. Não deitar as cinzas no jardim ou na berma da estrada. Não limpar as cinzas em sarjetas ou esgotos. Isso pode danificar o sistema de tratamento de águas e entupir os canos.

o Utilizar um aspirador adequado para alcatifas, mobiliário, equipamento de escritório, electrodomésticos e outros artigos, ou uma pistola de ar comprimido, consoante o material a limpar.

o Não conduzir a não ser que seja necessário.

o Em caso de emergência, virar com cuidado e limpar os limpa para-brisas com água engarrafada e um pano.

o Mudar o óleo do motor e os filtros de óleo e de ar a cada 80160 km se a cinza for demasiado espessa. Lavar o automóvel desde o interior do motor até aos bancos e pneus.

(International Volcanic Health Hazard Network (IVHHN) at Al. 2003)

1.3.Precauções a tomar pelos habitantes das imediações do vulcão para se protegerem das cinzas vulcânicas

Quando as cinzas caem, as comunidades precisam de informações rápidas e precisas sobre os prováveis impactos respiratórios de fontes fiáveis, como as agências governamentais (por exemplo, proteção civil/gestão de emergências ou saúde), mas isso é sempre dificultado pela falta de informações científicas imediatas sobre o risco provável das cinzas. Cada explosão vulcânica é diferente, em termos das características relevantes para a saúde das cinzas geradas (mesmo do mesmo vulcão e dentro da mesma sequência de erupção). A Rede Internacional de Riscos Vulcânicos para a Saúde (IVHHN, www.ivhhn.org) desenvolveu protocolos para a rápida caraterização das cinzas com vista à avaliação dos riscos para a saúde. A realidade é que este pormenor não pode geralmente ser fornecido enquanto as cinzas ainda estão a cair **(Damby et al., 2013).**

Dado que essas análises apenas fornecerão uma indicação do potencial risco respiratório e que os estudos epidemiológicos/clínicos podem demorar meses ou mesmo anos, a Organização Mundial de Saúde/Organização Pan-Americana de Saúde está a adotar uma abordagem de precaução e desenvolveu conselhos genéricos para serem utilizados globalmente pelas agências de saúde/gestão de catástrofes e pelas ONG sobre a proteção da comunidade quando as cinzas se encontram no ar. Recomendam *que se permaneça dentro de casa, mas se tiver de estar ao ar livre, use uma máscara, um lenço ou um pano "simples".*

Alguns estudos examinaram a eficácia da proteção respiratória para uso público em geral (ou seja, não relacionada com erupções vulcânicas) e testaram o desempenho de filtração de máscaras ou materiais de tecido comuns contra partículas ultrafinas (mais pequenas do que 1 m; equivalentes a certos agentes patogénicos da gripe, que são muito mais pequenos do que a maioria das partículas de cinza) ou partículas de grão fino (1,0 a 2,5 m; que simulam partículas patogénicas maiores, como vírus, poluentes urbanos, alergénios e poeiras de construção). **(Rengasami at al.; 2004**) testou a eficiência de filtração, contra o aerossol de NaCl (0,02-1,0 m), de cinco tecidos **(C.J. Horwell at al. 2017)**

I.2.2.2. Direção da pluma das cinzas vulcânicas de Nyiragongo e Nyamulagira

Figura 2: Vista aérea das plumas de cinzas e gases vulcânicos que se escapam da cratera dos vulcões Nyiragongo e Nyamulagira em 9 de fevereiro de 2015, captada pelo Observatório Vulcânico de Goma (Charles M. Balagizi at al. 2016).

I.2.2.3. Cinzas vulcânicas e seus efeitos na água e na saúde nas proximidades dos vulcões Nyiragongo e Nyamulagira

Durante a erupção de 2010, os residentes locais manifestaram preocupações sobre a qualidade da água e sensações de desconforto físico (por exemplo, náuseas, inchaço, indigestão, etc.) depois de beberem água da chuva recolhida após o início da erupção. Apresentamos a química elementar e iónica das amostras de água potável recolhidas na região no terceiro dia da erupção (5 de janeiro de 2010). Identificamos um impacto significativo na qualidade da água associado à erupção, incluindo um pH mais baixo (i.e. acidificação) e um aumento de halogéneos ácidos (e.g. F(-) e Cl(-)), iões maiores (por exemplo, SO(4)(2-), NH(4)(+), Na(+), Ca(2+)), metais potencialmente tóxicos (por exemplo, Al(3+), Mn(2+), Cd(2+), Pb(2+), Hf(4+)) e carga particulada. Em muitos casos, a composição da água excede largamente as normas da Organização Mundial de Saúde (OMS) para a água potável. O grau de poluição depende (1) da direção da pluma de cinzas e (2) da densidade da pluma de cinzas. O potencial impacto negativo na saúde depende do pH da água, que regula os elementos e a sua forma química que são libertados na água potável. **(Emilio C. at.al ;2012)**

As plumas de gás de Nyiragongo e Nyamulagira são rapidamente convertidas em compostos ácidos, que conduzem localmente à chuva ácida e à poluição atmosférica, constituindo um perigo potencial para as pessoas, os animais e a agricultura e prejudicando gravemente o ambiente. **(Cuoco et al. 2012)**

O acesso constante a água potável continua a ser um grande desafio para a RDC, especialmente na cidade de Goma e nos seus arredores, onde o vulcanismo está a deteriorar consideravelmente a qualidade da água. A chuva dissolve os gases e as cinzas contidos nas plumas e torna-se altamente ácida, com um pH tão baixo como 2 na cratera e 4-5 na maioria das aldeias. Certos elementos estão presentes na água da chuva, nas águas de superfície e nas águas subterrâneas em concentrações que excedem as directrizes e recomendações da OMS para a água potável (por exemplo, o flúor está regularmente presente em valores > 1,5 mg/L). **(Balagizi et al., 2018)**

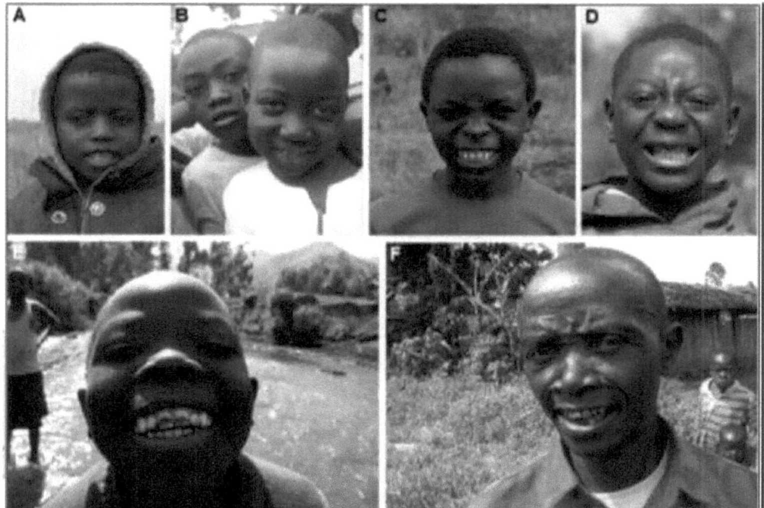

Figura 3: Fotografias que mostram jovens e adultos que sofrem de fluorose dentária nas aldeias em redor do vulcão Nyiragongo, onde os rios e a água da chuva contêm fluoreto em concentrações que excedem as directrizes e recomendações da OMS (Charles M. Balagizi at al. 2018).

CONCLUSÃO PARCIAL

Neste capítulo, apresentamos o grupo Rusayo, definimos as palavras-chave do nosso tema de investigação para nos ajudar a compreender o nosso problema e fazemos uma revisão da literatura;

CAPÍTULO II

ABORDAGEM METODOLÓGICA, APRESENTAÇÃO E DISCUSSÃO DOS RESULTADOS DO INQUÉRITO

INTRODUÇÃO

Este capítulo centrar-se-á na apresentação dos dados, na análise e na interpretação dos resultados do inquérito. É de salientar que o inquérito foi realizado junto dos habitantes do grupo RUSAYO.

11.1. ABORDAGEM METODOLÓGICA

11.1.1. Quadro de investigação

Esta investigação é realizada num quadro social, sanitário e ambiental, com o objetivo de assegurar o bem-estar físico, mental e social da população de Rusayo através de condições saudáveis, enriquecedoras e gratificantes.

11.1.2. Tipo de pesquisa

Para saber o que os habitantes de Rusayo sabem e fazem sobre os efeitos das cinzas vulcânicas na saúde, é óbvio que é necessário descrever e avaliar a situação vivida no Grupo Rusayo. É neste sentido que esta investigação é descritiva e avaliativa.

11.1.3. Métodos, técnicas e ferramentas

1. Métodos

O método é um conjunto de etapas fundamentadas para atingir um objetivo **(Dictionnaire le Robert 2011)**. É também definido como o conjunto de operações intelectuais utilizadas para analisar, compreender e explicar a realidade que está a ser estudada. **(Jean Louis LAUBET 2000)**

Os métodos utilizados neste trabalho são :

A. Método descritivo

O dicionário da língua francesa sublinha que a descrição é a ação de descrever. Este método foi utilizado de forma generalizada na descrição do grupo Rusayo no seu conjunto.

B. O método analítico

De acordo com o Petit Robert, analisar significa examinar, fazer uma análise. Utilizámos este método para analisar os conhecimentos, as atitudes e as práticas da população de Rusayo face às cinzas vulcânicas.

C. Método estatístico

A estatística é definida como a ciência e a técnica de interpretação matemática de dados complexos e numerosos **(CT POLO FUETA Espérant 2022)**. Este método permitiu-nos não só determinar a amostra do nosso estudo, mas também quantificar os resultados da investigação. Permitiu-nos também apresentar os resultados em tabelas. Identificando os números simples e as respectivas percentagens.

2. Técnicas utilizadas

GRAWITZ. M (2000) define uma técnica como um conjunto de procedimentos rigorosos e bem definidos que podem ser aplicados ao mesmo nível e nas mesmas condições, consoante o tipo de problema. As técnicas utilizadas neste trabalho são :

A. Técnica documental

Para a elaboração deste trabalho, recorremos a uma série de documentos relevantes para o nosso tema, tais como notas de curso, TFC, dissertações, revistas, livros, arquivos e diversos relatórios e publicações sobre determinados endereços e sítios.

B. Técnica do questionário

Esta técnica permitiu-nos desenvolver um questionário escrito que administrámos a uma amostra representativa da nossa comunidade alvo. Foi muito útil para testar as nossas hipóteses.

11.1.4. População e escolha da amostra

1. População do estudo

A população de estudo para o nosso trabalho é toda a população do território de Nyiragongo que faz fronteira com o vulcão Nyiragongo.

2. População-alvo

A população-alvo do nosso trabalho é o conjunto dos habitantes do grupo Rusayo.

3. Tamanho da amostra

A fim de confirmar as nossas hipóteses e os objectivos deste trabalho, utilizámos uma amostra representativa, obtida por cálculo estatístico através da fórmula LUNCH, que é a seguinte

$$n = \frac{NZ^2.p(1-p)}{Nd^2+Z^2\,p(1-p)}$$ Daí que

n= Dimensão da amostra

N= População estudada igual a 28.412

Z= Coeficiente de desvio padrão de 1,96

p= a probabilidade, que é 0,5

d= Margem de erro de 10% ou 0,1

Assim ;

$$n = \frac{28\,412.(1{,}96)^2.0{,}5(1-0{,}5)}{28\,412.(0{,}1)^2+(1{,}96)^2\,0{,}5(1-0{,}5)} = \frac{28\,412.3{,}84.0{,}25}{28\,412.0{,}01+3{,}84.0{,}25} = \frac{27275{,}52}{284{,}12+0{,}96}$$

$$=> \frac{27275{,}52}{285{,}08} = 95{,}67 \approx 96$$

n =96 Indivíduos distribuídos da seguinte forma:

60 indivíduos = população local ;

18 indivíduos= trabalhadores do sector da saúde do grupo Rusayo e

18 pessoas = investigadores do OVG

II.1.5. Recolha de dados

A coleta de dados ocorreu em novembro de 2022, por meio de entrevistas e questionários. Realizámos uma primeira visita ao terreno para observar a realidade do nosso estudo. Após o inquérito propriamente dito, aplicámos um questionário de inquérito aos nossos inquiridos sob a nossa supervisão e, para aqueles que tinham dificuldade em ler ou escrever, o inquérito foi realizado por entrevista.

II.2. APRESENTAÇÃO DOS RESULTADOS DO INQUÉRITO

II.2.1. Objetivo do inquérito

- Comparar as nossas hipóteses com a realidade no terreno;
- Identificar os efeitos para a saúde das cinzas vulcânicas emitidas pelo vulcão Nyiragongo no distrito de Rusayo;
- Encontrar uma solução eficaz e participativa para o problema.

II.2.2 Interpretação dos resultados do inquérito

A interpretação dos resultados do inquérito é apresentada em formato SPSS:

1. IDENTIFICAÇÃO DO INQUÉRITO

Quadro I: Sexo dos inquiridos

	Frequência	Percentagem válida	Percentagem acumulada
Válido Homem	64	66,67	66,7
Feminino	32	33,33	100,0
Total	96	100,0	

Fonte: resultados dos nossos inquéritos de 2022

A tabela mostra que 64 dos 96 inquiridos (66,67%) eram do sexo masculino, em comparação com 32 (33,33%) do sexo feminino.

Quadro II: Idade dos inquiridos

	Frequência	Percentagem válida	Percentagem acumulada
Válido para menores de 18 anos	20	20,83	20,8
18 a 25 anos	35	36,46	57,3
26 a 35 anos	22	22,92	80,2
36 a 50 anos	15	15,63	95,8
51 anos ou mais	4	4,17	100,0
Total	96	100,0	

Fonte: resultados dos nossos inquéritos de 2022

A tabela mostra que 20 dos 96 inquiridos, ou seja, 20,83%, tinham menos de 18 anos; 35 inquiridos, ou seja, 36,46%, tinham idades compreendidas entre os 12 e os 25 anos; 22 inquiridos, ou seja, 22,92%, tinham idades compreendidas entre os 26 e os 35 anos; 15 inquiridos, ou seja, 15,63%, tinham idades compreendidas entre os 36 e os 50 anos; e 4 inquiridos, ou seja, 4,2%, tinham 51 ou mais anos.

Quadro III: Estado civil dos inquiridos

	Frequência	Percentagem válida	Percentagem acumulada
Válido Casado	60	62,50	62,5
Individual	25	26,04	88,5
Divorciado	7	7,29	95,8
Viúva	4	4,17	100,0
Total	96	100,0	

Fonte: resultados dos nossos inquéritos de 2022

A tabela mostra que 60 dos 96 inquiridos (62,50%) eram casados, 25 (26,04%) eram solteiros, 7 (7,29%) eram divorciados e 4 (4,17%) eram viúvos.

Quadro IV: Posição dos inquiridos

	Frequência	Percentagem válida	Percentagem acumulada
ValidTeacher	15	15,63	15,6
Agente de saúde	18	18,75	34,4
Cultivador	36	37,50	71,9
Estudante	9	9,38	81,3
Investigador OVG	18	18,75	100,0
Total	96	100,0	

Fonte: resultados dos nossos inquéritos de 2022

A tabela e o gráfico mostram que 15 dos 96 inquiridos, ou seja, 15,63%, eram professores; 18 inquiridos, ou seja, 18,75%, eram profissionais de saúde; 36 inquiridos, ou seja, 37,50%, eram agricultores; e 18 inquiridos eram investigadores do OVG.

2. RESULTADOS OBTIDOS ENTRE A POPULAÇÃO LOCALE

A. Conhecimentos sobre os riscos das cinzas vulcânicas

Quadro V: Já ouviu falar de cinzas vulcânicas?

	Frequência	Percentagem válida	Percentagem acumulada
Válido SIM	53	88,54	88,5
NÃO	7	11,46	100,0
Total	60	100,0	

Fonte: resultados dos nossos inquéritos de 2022

A tabela mostra que 53 dos 60 inquiridos (88,54%) já tinham ouvido falar de cinzas vulcânicas e 7 inquiridos (11,46%) nunca tinham ouvido falar de cinzas vulcânicas.

Quadro VI: Em caso afirmativo, o que sabe sobre as cinzas vulcânicas emitidas pelo vulcão Nyiragongo?

	Frequência	Percentagem válida	Percentagem acumulada
Válido Poeiras nocivas para a saúde	19	32,29	32,3
Afecta a água da chuva	20	33,33	65,6
Afecta a vegetação	21	34,38	100,0
Total	60	100,0	

Fonte: resultados dos nossos inquéritos de 2022

A tabela mostra que 19 dos 60 inquiridos (32,29%) afirmaram que as cinzas vulcânicas são uma poeira prejudicial à saúde, 20 inquiridos (33,33%) afirmaram que as cinzas vulcânicas afectam a água da chuva e 21 inquiridos (34,38%) afirmaram que as cinzas vulcânicas afectam a vegetação.

Quadro VII: Observa a presença de cinzas vulcânicas no seu ambiente?

	Frequência	Percentagem válida	Percentagem acumulada
VálidoSim	60	100,0	100,0
Total	60		

Fonte: resultados dos nossos inquéritos de 2022

O quadro mostra que 100% das 96 pessoas inquiridas afirmaram ter observado cinzas vulcânicas no ambiente.

Quadro VIII: Como é que sabe que se trata de cinzas vulcânicas?

		Frequência	Percentagem válida	Percentagem acumulada
Válido	O cheiro	25	41,7	41,7
	Visível a olho nu na	51	51,0	51,7

vegetação			
Da chuva ácida.	4	7,3	100,0
Total	60	100,0	

Fonte: resultados dos nossos inquéritos de 2022

A tabela mostra que 25 dos 60 inquiridos sabiam que as cinzas vulcânicas estavam envolvidas pelo cheiro, 31 inquiridos (51,04%) sabiam que as cinzas vulcânicas estavam envolvidas pela visibilidade das cinzas na vegetação e 4 inquiridos (7,29%) disseram que sabiam que as cinzas vulcânicas estavam envolvidas pela chuva ácida.

Quadro IX: No seu grupo, as cinzas vulcânicas são visíveis de forma permanente ou periódica?

	Frequência	Percentagem válida	Percentagem acumulada
ValidPeriodically	60	100,0	100,0
Total	60		

Fonte: resultados dos nossos inquéritos de 2022

A tabela mostra que 60 inquiridos (100%) afirmam que as cinzas vulcânicas são periodicamente visíveis no seu ambiente.

Quadro X: Se periodicamente Quando?

	Frequência	Percentagem válida	Percentagem acumulada
Válido quando há atividade na cratera central	39	65,63	65,6
Antes da erupção	11	18,75	18,8
Durante a erupção	3	4,17	
Após a erupção	7	11,46	100,0
Total	60	100,0	

Fonte: resultados dos nossos inquéritos de 2022

A tabela mostra que 39 dos 60 inquiridos (65,63%) disseram que as cinzas vulcânicas eram visíveis quando havia atividade na cratera central, 11 inquiridos (18,75%) disseram que as cinzas vulcânicas eram visíveis antes da erupção, 3 inquiridos (4,17%) disseram que as cinzas vulcânicas eram visíveis durante a erupção e 7 inquiridos (11,46%) disseram que as cinzas vulcânicas eram visíveis após a erupção.

Quadro XI: Depois da queda de cinzas vulcânicas, sabes que tens de lavar os legumes antes de os cozinhar?

	Frequência	Percentagem válida	Percentagem acumulada
Válido SIM	60	100,0	100,0
Total	60	100,0	

Fonte: resultados dos nossos inquéritos de 2022

O quadro mostra que todos os 60 inquiridos, ou seja, 100% dos inquiridos, sabiam que tinham de lavar os legumes antes de os cozinhar depois da queda das cinzas vulcânicas.

Quadro XII: Depois da queda de cinzas vulcânicas, sabes que não deves beber água da chuva?

	Frequência	Percentagem	Percentagem válida	Percentagem acumulada
VálidoSim	60	100,0	100,0	100,0
Total	60	100,0		

Fonte: resultados dos nossos inquéritos de 2022

A tabela e o gráfico mostram que 60 inquiridos, ou seja, 100% dos inquiridos, sabem que não devem beber água da chuva se houver queda de cinzas.

Quadro XIII: Qual é a principal fonte de água que utiliza em Rusayo

	Frequência	Percentagem válida	Percentagem acumulada
Válido Água da chuva recolhida em tanques	48	80,21	80,2
Água do lago recolhida em cisternas pelos agricultores	12	19,79	100,0
Total	60	100,0	

Fonte: resultados dos nossos inquéritos de 2022

A tabela mostra que 48 dos 60 inquiridos (80,21%) utilizam a água da chuva recolhida em cisternas como principal fonte de água, e 12 inquiridos (19,79%) utilizam a água do lago recolhida em cisternas pelos agricultores.

B. Atitude face à queda de cinzas vulcânicas

Quadro XIV: O que fazer em caso de queda de cinzas vulcânicas

		Frequência	Percentagem válida	Percentagem acumulada
Válido	Entrar em pânico e abandonar a zona	11	17,71	17,7
	Um fenómeno normal	7	11,46	29,2
	Manter a calma e aguardar instruções	42	70,83	100,0
Total		60	100,0	

Fonte: resultados dos nossos inquéritos de 2022

A tabela mostra que 11 dos 60 inquiridos (17,71%) disseram que entraram em pânico e abandonaram a área quando o vulcão Nyiragongo libertou uma quantidade de cinzas vulcânicas para a atmosfera, 7 inquiridos (11,46%) disseram que se tratava de um fenómeno normal e 42 inquiridos (70,71%) disseram que permaneceram calmos e esperaram por instruções.

C. Práticas dos habitantes relativamente às cinzas vulcânicas

Quadro XV: O que fazer em caso de queda de cinzas vulcânicas

	Frequência	Percentagem válida	Percentagem acumulada
Válido Ficar em casa e esperar pelo fim do queda de cinzas	1	1,04	1,0
Manter o gado afastado	28	46,88	47,9
a partir da zona de entrega Nada de especial	31	52,08	100,0
Total	60	100,0	

Fonte: resultados dos nossos inquéritos de 2022

O quadro mostra que 1 inquirido em 60, ou seja, 1,04%, ficou em casa e esperou que as cinzas caíssem, 28 inquiridos, ou seja, 46,88%, mantiveram o seu gado afastado da zona de precipitação e 31 inquiridos, ou seja, 52,08%, disseram que não fizeram nada de especial em caso de queda de cinzas vulcânicas.

D. Qual é a solução para atenuar os efeitos na saúde das cinzas vulcânicas emitidas pelo vulcão Nyiragongo?

Quadro XVI: Qual é a solução para atenuar os efeitos das cinzas vulcânicas na saúde em Rusayo?

	Frequência	Percentagem válida	Percentagem acumulada
ValidateBuild tubos verticais em o Groupement de Rusayo Reforço das capacidades	53	88,54	88,5
dos residentes locais de Rusayo em	7	11,46	100,0
cinzas vulcânicas Total	60	100,0	

Fonte: os nossos inquéritos de campo de 2022

A tabela mostra que 53 dos 60 inquiridos (88,54%) disseram que a construção de fontanários no Grupo Rusayo seria uma solução para os efeitos das cinzas vulcânicas na saúde, e 7 inquiridos (11,46%) disseram que o reforço das capacidades da população de Rusayo para lidar com as cinzas vulcânicas seria uma solução para os efeitos das cinzas vulcânicas na saúde.

3. RESULTADOS OBTIDOS JUNTO DOS PROFISSIONAIS DE SAÚDE

A. Conhecimentos sobre os riscos das cinzas vulcânicas

Quadro XVII: Já ouviu falar de cinzas vulcânicas?

	Frequência	Percentagem	Percentagem válida	Percentagem acumulada
Válido SIM	18	100,0	100,0	100,0

Total	18	100,0	100,0	

Fonte: resultados dos nossos inquéritos de 2022

A tabela mostra que 100% dos 18 inquiridos afirmaram já ter ouvido falar de cinzas vulcânicas.

Quadro XVIII: Em caso afirmativo, o que é que sabe sobre as cinzas vulcânicas?

	Frequência	Percentagem válida	Percentagem acumulada
ValidDust prejudicial para saúde	13	72,22	72,2
Afecta a água no chuva	5	27,78	100,0
Total	18	100,0	

Fonte: resultados dos nossos inquéritos de 2022

A tabela mostra que 13 dos 18 inquiridos (72,22%) afirmam que as cinzas vulcânicas são uma poeira prejudicial à saúde e 5 inquiridos (27,72%) afirmam que afectam a água da chuva.

Quadro XIX: Depois da queda de cinzas vulcânicas, sabes que não deves beber água da chuva?

	Frequência	Percentagem válida	Percentagem acumulada
Válido SIM	18	100,0	100,0
Total	18	100,0	

Fonte: resultados dos nossos inquéritos de 2022

A tabela mostra que 100% dos 18 inquiridos sabiam que não deviam beber água da chuva depois da queda das cinzas vulcânicas.

Quadro XX: Qual é a principal fonte de água que utiliza em Rusayo

	Frequência	Percentagem válida	Percentagem acumulada
Valida a água da chuva recolhida em tanques	6	33,33	33,3
Água do lago recolhida em cisternas pelos agricultores	12	66,67	100,0
Total	18	100,0	

Fonte: resultados dos nossos inquéritos de 2022

A tabela mostra que 12 inquiridos (66,67%) utilizam água do lago recolhida em cisternas pelos agricultores e 6 inquiridos (33,33%) utilizam água da chuva recolhida em cisternas.

B. Atitude face à queda de cinzas vulcânicas

Quadro XXI: Como reagiria à queda de cinzas vulcânicas?

	Frequência	Percentagem válida	Percentagem acumulada
ValidarPanic e sair da zona	16	88,89	88,9
Manter a calma e aguardar instruções	2	11,11	100,0
Total	18	100,0	

Fonte: resultados dos nossos inquéritos de 2022

A tabela mostra que 16 inquiridos (88,89%) entraram em pânico e abandonaram a área e 2 inquiridos (11,11%) mantiveram a calma e ouviram as instruções.

C. Como os residentes locais lidam com as cinzas vulcânicas

Quadro XXII: O que fazer em caso de queda de cinzas vulcânicas?

	Frequência	Percentagem válida	Percentagem acumulada
Válido Tapar o nariz e a boca uma vez no exterior	16	88,89	88,9
Nada de especial	2	11,11	100,0
Total	18	100,0	

Fonte: resultados dos nossos inquéritos de 2022

A tabela mostra que 16 inquiridos (88,89%) tapam o nariz e a boca quando estão ao ar livre e 2 inquiridos (11,11%) não fazem nada de especial.

D. Qual é a solução para atenuar os efeitos das cinzas vulcânicas na saúde?

Quadro XXIII: Qual é a solução para mitigar os efeitos das cinzas vulcânicas na saúde em Rusayo?

	Frequência	Percentagem válida	Percentagem acumulada
ValidatesBuilding terminais fontes do grupo Rusayo	18	100,0	100,0
Total	18	100,0	

Fonte: resultados dos nossos inquéritos de 2022

A tabela e o gráfico mostram que 18 inquiridos (100%) disseram que a construção de fontanários no agrupamento Rusayo resolveria este problema.

4. RESULTADOS OBTIDOS A PARTIR DE O OVG

A. Conhecimentos sobre os riscos das cinzas vulcânicas

Quadro XXIV: O que é que sabe sobre as cinzas vulcânicas?

	Frequência	Percentagem válida	Percentagem acumulada
Válido Poeiras nocivas para a saúde	10	55,56	55,6
Afecta a água da chuva	7	38,89	94,4
Afecta a vegetação	1	5,56	100,0
Total	18	100,0	

Fonte: resultados dos nossos inquéritos de 2022

A tabela e o gráfico mostram que 10 dos 18 inquiridos (55,56%) disseram que as cinzas vulcânicas são uma poeira prejudicial à saúde, 7 inquiridos (38,89%) disseram que as cinzas vulcânicas afectam a água da chuva e 1 inquirido (5,56%) disse que as cinzas vulcânicas afectam a vegetação.

Quadro XXV: Quando é que as cinzas vulcânicas são visíveis?

	Frequência	Percentagem válida	Percentagem acumulada
ActivadoQuando há atividade na cratera central	15	83,33	83,3
Após a erupção	3	16,67	100,0
Total	18	100,0	

A tabela e o gráfico mostram que 15 dos 18 inquiridos (83,33%) disseram que as cinzas vulcânicas eram visíveis quando havia atividade na cratera central e 3 inquiridos (16,67%) disseram que as cinzas vulcânicas eram visíveis após a erupção.

B. Atitude face à queda de cinzas vulcânicas

Quadro XXVI: O que fazer em caso de queda de cinzas vulcânicas?

	Frequência	Percentagem válida	Percentagem acumulada
Válido Manter a calma e esperar instruções	18	100,0	100,0
Total	18	100,0	

Fonte: resultados dos nossos inquéritos de 2022

A tabela e o gráfico mostram que 100% dos 18 inquiridos sabiam que tinham de manter a calma e esperar pelas instruções.

C. Práticas dos habitantes relativamente às cinzas vulcânicas

Quadro XXVII: O que fazer em caso de queda de cinzas vulcânicas?

	Frequência	Percentagem válida	Percentagem acumulada
Válido Ficar em casa e esperar pelo fim do queda de cinzas	16	88,89	88,9
Nada de especial	2	11,11	100,0
Total	18	100,0	

Fonte: resultados dos nossos inquéritos de 2022

A tabela e o gráfico mostram que 16 dos 18 inquiridos (88,89%) ficaram em casa e esperaram que as cinzas caíssem e 2 dos 18 inquiridos (11,11%) disseram que não fizeram nada de especial quando as cinzas vulcânicas caíram.

D. Qual é a solução para atenuar os efeitos na saúde das cinzas vulcânicas emitidas pelo vulcão Nyiragongo?

Quadro XXVIII: Qual é a solução para atenuar os efeitos das cinzas vulcânicas na saúde em Rusayo?

	Frequência	Percentagem válida	Percentagem acumulada
Válido Construção de terminais fontes do Grupo Rusayo Reforço de	6	33,33	33,3
A capacidade da população de Rusayo para lidar com as cinzas vulcânicas	12	66,67	100,0
Total	18	100,0	

Fonte: os nossos inquéritos de campo de 2022

A tabela e o gráfico mostram que 6 dos 18 inquiridos (33,33%) disseram que a construção de fontanários no Grupo Rusayo seria uma solução para os efeitos das cinzas vulcânicas na saúde e 12 inquiridos (66,67%) disseram que o reforço das capacidades da população de Rusayo para lidar com as cinzas vulcânicas seria uma solução para os efeitos das cinzas vulcânicas na saúde.

II.3. DISCUSSÃO DOS RESULTADOS DO INQUÉRITO

No que diz respeito ao inquérito que realizámos junto dos habitantes do grupo Rusayo em novembro de 2022 para verificar a nossa hipótese, o que constatámos foi que

Dos resultados obtidos junto da população local, na **Tabela V** 88,54% já ouviram falar de cinzas vulcânicas e na **Tabela VI** 34,38% dizem que as cinzas vulcânicas afectam a vegetação e 33,33% dizem que afectam a água da chuva.

Na **Tabela X** 65,63% disseram que as cinzas vulcânicas são visíveis quando há atividade na cratera central. Na tabela

Tabela XII 100% dos nossos inquiridos sabem que não devem beber água da chuva em caso de queda de cinzas vulcânicas. Na **Tabela XIII,** 80,21% utilizam a água da chuva recolhida em cisternas como fonte principal. A partir desta tabela, podemos compreender diretamente que os habitantes de Rusayo bebem água da chuva não porque querem, mas porque não têm outra fonte de água potável acessível a todos.

A partir de todas estas tabelas, podemos ver que os habitantes de Rusayo têm conhecimentos suficientes sobre as cinzas vulcânicas, porque mesmo se compararmos estes resultados com os de **Bisimwa K (2013)** e **Sarah S at.al 2011,** veremos que os nossos resultados são semelhantes.

Quando questionados sobre as atitudes dos residentes face à queda de cinzas vulcânicas, 70,71% disseram que se mantiveram calmos e esperaram por instruções, 17,71% entraram em pânico e abandonaram a área e 11,46% disseram que se tratava de um fenómeno normal; **Quadro XIV.**

Assim, apesar do pequeno número de inquiridos que disseram que a queda de cinzas vulcânicas é um fenómeno normal, podemos ver que a população de Rusayo tem uma boa atitude em relação às cinzas vulcânicas.

Querendo saber as práticas dos habitantes de Rusayo em relação às cinzas vulcânicas, apenas 1,04% ficam em casa e ouvem o fim da queda das cinzas, 52,08% dizem que não fazem nada de especial em caso de queda de cinzas vulcânicas **Tabela XV.** Aqui vemos que os habitantes de Rusayo não têm boas práticas em caso de queda de cinzas vulcânicas.

Querendo saber a solução para mitigar os efeitos das cinzas vulcânicas na saúde, na **Tabela** XVI 88,54% disseram que a construção de fontanários no agrupamento Rusayo seria a solução para este problema e 11,46% disseram que a capacitação seria uma solução para este problema.

Dos resultados obtidos junto dos profissionais de saúde, na **Tabela XVII**, 100% dos profissionais de saúde já ouviram falar de cinzas vulcânicas. Quanto à **Tabela XVIII**, 72,22% sabem que a cinza vulcânica é uma poeira prejudicial à saúde e 27,72% dizem que ela afecta a água da chuva. Na **Tabela XIX,** 100% dos profissionais de saúde sabem que não devem beber água do lago recolhida em cisternas pelos agricultores e 33,33% utilizam a água da chuva recolhida em cisternas. A partir destas tabelas, podemos ver que os profissionais de saúde têm um bom conhecimento sobre as cinzas vulcânicas.

Na **Tabela XXI**, 88,89% dos profissionais de saúde inquiridos entraram em pânico e abandonaram a área, enquanto 11,11% permaneceram calmos e ouviram as instruções. Esta tabela mostra que os profissionais de saúde não têm a atitude correcta em relação à queda de cinzas vulcânicas.

No **Quadro XXII**, 88,89% cobrem o nariz e a boca quando estão no exterior. Este quadro mostra que os profissionais de saúde têm boas práticas para lidar com as cinzas vulcânicas.

No **Quadro XXIII**, 100% dos profissionais de saúde afirmam que a construção de fontanários seria a solução para este problema.

Dos resultados obtidos junto dos investigadores do OVG, na **Tabela XXIV** 55,56% dos investigadores do OVG inquiridos afirmam que as cinzas vulcânicas são poeiras prejudiciais à saúde, 38,89% afirmam que afectam a vegetação.

Na **Tabela XXV,** 83,33% dizem que as cinzas vulcânicas são visíveis quando há atividade na cratera central e 16,67% dizem que são visíveis após a erupção vulcânica.

No **quadro XXVI,** 100% dos investigadores inquiridos mantiveram a calma e aguardaram instruções. Na **Tabela XXVII**, 88,89% ficaram em casa e ouviram o fim da queda das cinzas. Daqui se depreende que os agentes do OVG têm uma boa prática no tratamento das cinzas vulcânicas.

Na **Tabela XXVIII, 66,67%** disseram que a capacitação dos habitantes de Rusayo para lidar com as cinzas vulcânicas era a única solução para este problema.

11.3. RECOMENDAÇÕES

1. **Ao Estado**: que tome medidas para encontrar fundos para a construção de fontanários que ajudem estas pessoas a deixar de utilizar a água da chuva como principal fonte de água.
2. **Profissionais de saúde**: continuar a sensibilizar a população de Rusayo para os efeitos das cinzas vulcânicas na saúde e continuar a mostrar-lhes que a água da chuva tem um grande impacto na saúde porque contém vários compostos químicos provenientes do vulcão Nyiragongo.
3. **À população local**: seguir e aplicar os conselhos dados pelos profissionais de saúde e por qualquer outra organização que trabalhe no domínio dos efeitos das cinzas vulcânicas na saúde humana; e manter os fontanários que lhes serão disponibilizados para que deixem de utilizar a água do rio como principal fonte de água.

CONCLUSÃO PARCIAL

Nesta parte, que diz respeito à abordagem metodológica, à apresentação e à discussão dos resultados do inquérito, quisemos abordar o problema real dos efeitos das cinzas vulcânicas sobre a saúde no agrupamento Rusayo, mas também verificar as nossas hipóteses através dos diferentes conhecimentos e percepções dos nossos inquiridos.

Os objectivos do nosso inquérito eram testar as nossas hipóteses com a realidade no terreno; identificar os efeitos na saúde das cinzas vulcânicas emitidas pelo vulcão Nyiragongo no agrupamento Rusayo; e encontrar uma solução eficaz e participativa para este problema.

Para verificar as nossas hipóteses, utilizámos métodos descritivos, analíticos e estatísticos baseados em documentação, questionários e observação livre.

Verificámos que os habitantes de Rusayo têm um bom conhecimento das cinzas vulcânicas, pelo que a nossa hipótese principal, que era a de que os habitantes de Rusayo teriam pouco conhecimento dos efeitos nocivos para a saúde das cinzas vulcânicas emitidas pelo vulcão Nyiragongo, é invalidada, como mostram os **Quadros V, VI, X, XII e XIII.**

Para a primeira hipótese específica, que era: As atitudes dos habitantes de RUSAYO face às cinzas vulcânicas seriam entrar em pânico e abandonar a zona de precipitação radioactiva, para a tomar como um fenómeno normal; **os Quadros XIV**, **XXI** e **XXVII** mostram que 70,83% da população local se mantém calma e ouve as instruções, enquanto 88,89% dos profissionais de saúde inquiridos entram em pânico e abandonam a zona e 88,89% dos investigadores do OVG ficam em casa e ouvem o fim da precipitação radioactiva.

E para a segunda hipótese que era: As práticas dos habitantes de RUSAYO para se protegerem das cinzas vulcânicas seriam : Afastar o gado da zona de precipitação, beber água da chuva e não fazer nada de especial em caso de precipitação de cinzas vulcânicas; **os Quadros XV, XXII e XXVII** mostram que 52,08% da população local inquirida não fez nada de especial, 88,89% dos profissionais de saúde inquiridos taparam o nariz e a boca quando saíram e 88,89% dos investigadores do OVG inquiridos ficaram em casa e ouviram o fim da precipitação.

Quanto à solução, 88,54% da população local inquirida e 100% dos profissionais de saúde inquiridos defendem a construção de fontanários no agrupamento RUSAYO, e 66,67% dos investigadores do OVG afirmam que a capacitação dos habitantes de RUSAYO em cinzas vulcânicas seria uma solução para este problema **(Quadros XVI, XXII e XXVIII).**

CAPÍTULO III

PROJECTO DE DESENVOLVIMENTO PARA A CONSTRUÇÃO DE FONTANÁRIOS NO DISTRITO DE RUSAYO

INTRODUÇÃO

Nesta secção, apresentaremos um projeto de desenvolvimento para a construção de fontanários no grupo Rusayo, tal como proposto pela maioria dos nossos inquiridos; um projeto que irá mitigar os riscos dos efeitos das cinzas vulcânicas na saúde.

111.1.IDENTIFICAÇÃO DO PROJECTO

111.1.1. Antecedentes e justificação do projeto

1. Antecedentes do projeto

Cerca de 600 milhões de pessoas em todo o mundo vivem em zonas potencialmente afectadas por riscos vulcânicos. Durante uma crise vulcânica, as pessoas podem ser evacuadas para se protegerem de perigos que põem em risco a sua vida (por exemplo, fluxos piroclásticos), mas podem ainda estar expostas a emissões vulcânicas atmosféricas potencialmente perigosas. As cinzas vulcânicas são um perigo omnipresente, potencialmente distribuído por milhares de quilómetros quadrados. A inalação de cinzas pode exacerbar os sintomas de asma e bronquite existentes, bem como os sintomas respiratórios. **(CJ Horwell at al. 2016)**

As erupções vulcânicas afectam a Terra e os seres humanos em todo o mundo. Quando um vulcão entra em erupção e/ou quando há atividade vulcânica na cratera central de um vulcão, toneladas de cinzas vulcânicas são ejectadas para a atmosfera e depositadas no solo. O perigo representado pelas cinzas vulcânicas não se limita à área próxima do vulcão, mas pode também afetar uma vasta área. As cinzas ejectadas do vulcão afectam a vida quotidiana das pessoas, perturbando as actividades agrícolas e danificando as colheitas. **(Dian Fiantis at al. 2019)**

2. Justificação do projeto

Cerca de 40 000 a 50 000 pessoas que vivem em redor do vulcão Nyiragongo dependem da água da chuva recolhida em cisternas. Esta água é poluída por cinzas e agulhas de lava (conhecidas como cabelos de Pelee) e torna-se ácida **(Jacques Durieux at al.; 2011).**

As plumas de gás e cinzas dos vulcões Nyiragongo e Nyamulagira são rapidamente convertidas em compostos ácidos, que causam chuva ácida local e poluição do ar, constituindo um perigo potencial para as pessoas, animais e agricultura e prejudicando gravemente o ambiente. **(Cuoco et al. 2012)**

O grupo RUSAYO, uma aldeia situada a sudoeste do vulcão Nyiragongo, não dispõe de outra fonte de água potável para além da água da chuva recolhida em cisternas. No entanto, esta água é afetada pelas emissões vulcânicas, incluindo as cinzas vulcânicas, o que provoca uma série de doenças entre os habitantes da zona.

A construção de fontanários seria uma solução eficaz para este problema, uma vez que permitiria abastecer todo o agrupamento com água potável tratada e bem conservada.

111.1.2. objetivo do projeto

Redução do risco de efeitos na saúde das cinzas vulcânicas emitidas pelo vulcão Nyiragongo no grupo RUSAYO.

111.1.3. A localização e a duração do projeto

1. Localização do projeto

Este projeto será realizado no Grupo Rusayo, no território de NYIRAGONGO, na província de NORD-KIVU, na República Democrática do Congo.

2. A duração do projeto

O nosso projeto demorará 12 meses a construir 21 fontanários, de janeiro a dezembro de 2023.

111.1.4. A natureza e o quadro jurídico do projeto

1. A natureza do projeto

Este projeto é de natureza social, sanitária e ambiental, uma vez que reduzirá os riscos dos efeitos sanitários das cinzas vulcânicas emitidas pelo vulcão Nyiragongo.

2. Quadro jurídico do projeto

O projeto envolve várias organizações locais e internacionais, ou seja, é um esforço concertado.

111.1.5. PARTES INTERESSADAS E BENEFICIÁRIOS DO PROJECTO

1. Participantes no projeto

Para garantir o êxito deste projeto, ele será realizado em sinergia, incluindo :

- **Corpo de misericórdia e**
- **REGIDESO**

2. Beneficiários do projeto

- **Beneficiários directos do projeto:** Os habitantes do grupo Rusayo são os beneficiários directos deste projeto.
- **Beneficiários indirectos do projeto:** os beneficiários indirectos são todos os habitantes do território de Nyiragongo.

111.1.6. Estratégias de projeto

Para atingir os objectivos do nosso projeto, propusemos as seguintes estratégias:

- Mobilizar recursos financeiros;
- Contactar os dirigentes e as autoridades;

- Recrutamento de pessoal ;
- Seleção do local para o reservatório principal e a estação de tratamento de água;
- Áreas-alvo para os 21 fontanários ;
- Construção do reservatório principal ;
- Construção de uma estação de tratamento de águas ;
- Captações de água ;
- Construção de 21 fontanários;
- Abastecimento de água ;
- A entrega dos fontanários ao governo congolês e
- Acompanhar as actividades do projeto através do sistema de acompanhamento e avaliação.

111.2.ESTUDO DE PROJECTO

111.2.1. Oportunidade do projeto

No decurso das nossas investigações, constatámos uma série de desafios enfrentados pelos habitantes de Rusayo em relação às cinzas vulcânicas, incluindo o de beber água da chuva, que é afetada pelas emissões vulcânicas, causando uma série de doenças entre os habitantes. É por isso que este projeto é tão oportuno, porque chega precisamente quando é necessário.

111. 2.2. Relevância do projeto

Este projeto é relevante porque provém da população do grupo Rusayo, que é o beneficiário deste projeto, razão pela qual o consideramos relevante.

112. 2.3 Viabilidade do projeto

a) De um ponto de vista económico: O projeto é economicamente viável porque contará, em primeiro lugar, com a participação local e, em seguida, com o apoio financeiro.

b) Financeiramente: este projeto é financeiramente viável porque a sua execução também é possível graças à contribuição financeira de todos os intervenientes no projeto.

c) Socialmente: este projeto é socialmente viável porque resolve um problema social.

d) A nível técnico: este projeto envolverá coordenadores de desenvolvimento rural ou comunitário, um secretário, um contabilista, um logístico e vários voluntários que podem ser encontrados localmente.

III.3. OPERACIONALIZAÇÃO DO PROJECTO

1. Organigrama

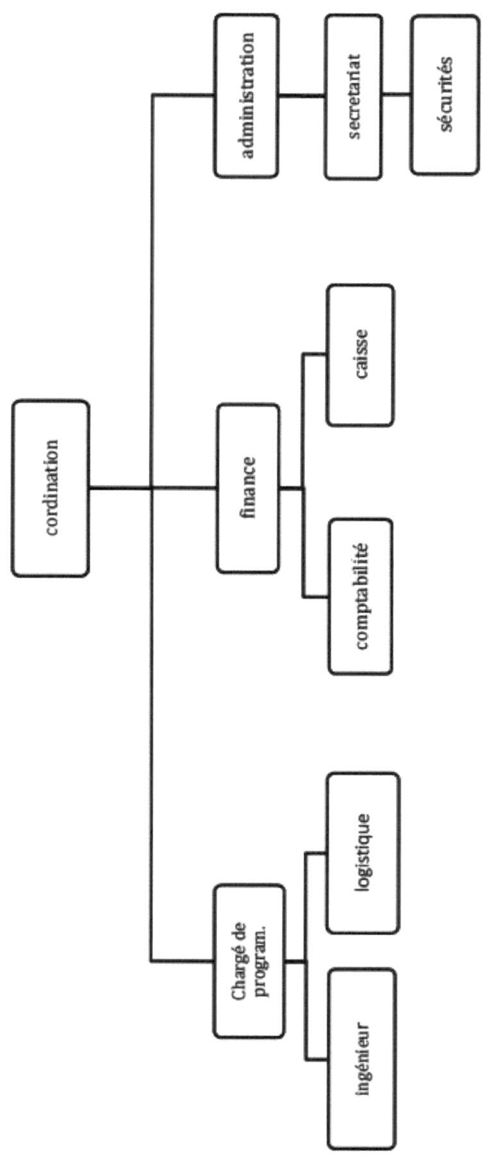

2. **Como funciona**

a) **Coordenador: a pessoa que** organiza todas as actividades do projeto.

b) **Gestor do programa:** responsável pela execução efectiva do projeto.

c) **Logístico:** todos os recursos materiais são da responsabilidade do logístico.

d) **Engenheiro:** responsável pela supervisão e coordenação das actividades de construção de fontanários;

e) **Contabilista:** é responsável pela contabilidade do projeto e controla a sua saúde financeira.

f) **Caixa:** responsável por guardar os activos do projeto e libertá-los quando necessário.

g) **Secretário: mantém** os documentos do projeto actualizados

111.4.PLANEAMENTO DA ENTRADA

1. Pesquisa de fundos
2. Contactar os dirigentes e as autoridades
3. Recrutamento e formação do pessoal
4. Escolha do local para o reservatório principal e a estação de tratamento de água;
5. Áreas-alvo para 21 tubos verticais ;
6. Compra de materiais de construção;
7. Compra de materiais de canalização;
8. Construção do tanque principal;
9. Construção da estação de tratamento de águas;
10. Recolha de água ;
11. Construir 21 tubos de suporte;
12. Abastecimento de água ;
13. Entrega dos tubos de escape ao governo congolês;
14. Acompanhar as actividades do projeto
15. Avaliação do projeto

Entrada 1: Mobilizar o fundo :

1. **Objetivo:** Mercy Corps
2. **Objetivo:** arrendar fundos para o projeto
3. **Prazo de vencimento:** de 01 de janeiro a 01 de abril de 2023
4. **Duração:** 03 meses
5. **Pessoa responsável:** Coordenador
6. **Produção:** Coordenador
7. **Recursos**

- **Recursos humanos:** Coordenador
- **Materiais:** Internet, computador, papel, canetas
- **Financeiro:** participação local

Entrada 2: Contactar os dirigentes e as autoridades :

1. **Alvo:** dirigentes e autoridades do território de Nyiragongo
2. **Objetivo:** apresentar a civilidade e o projeto aos dirigentes e às autoridades do território de Nyiragongo
3. **Prazo de vencimento:** de 02 de abril a 04 de abril de 2023
4. **Duração**: 3 dias
5. **Pessoa responsável:** Coordenador
6. **Produção:** Coordenador
7. **Recursos**

- **Humano:** Coordenador
- **Equipamento:** transporte,
- **Financeiro :**

Entrada 3: Recrutar pessoal:

1. **Alvo:** Território de Nyiragongo e cidade de Goma
2. **Objetivo:** Dotar o projeto de pessoal competente
3. **Prazo de vencimento:** de 05 de abril a 05 de julho de 2023
4. **Duração:** 3 meses
5. **Pessoa responsável:** Chefe do Pessoal e Coordenador
6. **Diretor:** Chefe do Pessoal
7. **Recursos**

- **Humano:** Coordenador
- **Equipamento:** facturas, descargas.
- **Financeiro :**

8. **Sub-actividades** :

III. Lançar a oferta
IV. Seleção de candidatos
V. Texto para os candidatos seleccionados e
VI. A entrevista

Entrada 4: Escolha do local para o reservatório principal e a estação de tratamento de água :

1. **Objetivo:** o grupo RUSAYO
2. **Objetivo:** obter um terreno para instalar o reservatório principal e a estação de tratamento de águas
3. **Duração:** 1 mês
4. **Prazo:** De 05 de julho a agosto de 2023
5. **Pessoa responsável:** Coordenador e gestor do programa
6. **Produtor:** o gestor e o coordenador do programa
7. **Recursos**

- **Humanos:** o gestor do programa e o coordenador

- **Equipamento:** ocupação do terreno
- **Financeiro :**

Entrada 5: Ambientes-alvo para 21 bocas de incêndio :

1. **Objetivo:** o grupo RUSAYO
2. **Objetivo:** encontrar locais para a construção de fontanários
3. **Prazo de validade:** 06 de agosto a 20 de agosto de 2023
4. **Duração:** 15 dias
5. **Responsável:** o engenheiro e o gestor do programa
6. **Diretor:** o engenheiro e o gestor do programa
7. **Recursos**

- **Humanos:** o engenheiro e o gestor do programa
- **Equipamento:**
- **financeiro:** despesas de transporte, comissão

Entrada 6: Comprar materiais de construção :

1. **Alvo:** Grandes mercados da cidade de Goma
2. **Objetivo:** Dispor de materiais para a construção
3. **Prazo de vencimento:** De 21 de agosto a 25 de agosto de 2023
4. **Duração:** 5 dias
5. **Responsável:** gestor de programa, logístico e engenheiro
6. **Diretor:** logístico e engenheiro
7. **Recursos**

- **Humano:** logístico e engenheiro
- **Equipamento:** cimento, areia, varão de betão, brita, carrinho de mão, pás, etc.
- **Financeiro:** fundos afectados à empresa

Entrada 7: Comprar materiais de canalização:

1. **Alvo:** Grandes mercados da cidade de Goma
2. **Objetivo:** Dispor de materiais de canalização
3. **Prazo de vencimento:** De 25 de agosto a 30 de agosto de 2023
4. **Duração:** 5 dias
5. **Responsável:** gestor de programa, logístico e engenheiro
6. **Diretor:** logístico e engenheiro
7. **Recursos**

- **Humano:** operador logístico, engenheiro e canalizador
- **Equipamento:** tubagens, torneiras, etc.
- **Financeiro:** fundos afectados à empresa

Entrada 8: Construir o tanque principal :

1. **Objetivo:** o aglomerado de Rusayo
2. **Objetivo:** Dispor de um reservatório para armazenar água

3. **Prazo:** De 1 de setembro a 1 de dezembro
4. **Duração:** 3 meses
5. **Responsável:** gestor de programa, logístico e engenheiro
6. **Diretor:** gestor de programas, logístico e engenheiro
7. **Recursos**

- **Recursos humanos:** gestor de programa, logístico, engenheiro, pedreiros e ajudantes de pedreiro
- **Equipamento:** cimento, areia, varão de betão, brita, carrinho de mão, pás, etc.
- **Financeiro:** fundos afectados à empresa

Entrada 9: Construção da estação de tratamento de água :

1. **Objetivo:** o aglomerado de Rusayo
2. **Objetivo:** Dispor de uma estação de tratamento de águas
3. **Prazo de vencimento:** de 10 de setembro a 10 de dezembro de 2023
4. **Duração:** 3 meses
5. **Responsável:** gestor de programa, logístico e engenheiro
6. **Diretor:** gestor de programas, logístico e engenheiro
7. **Recursos**

- **Recursos humanos:** gestor de programa, logístico e engenheiro
- **Equipamento:** bombas de filtração, cimento, areia, varão de betão, gravilha, carrinho de mão, pás,
- **Financeiro:** fundos afectados à empresa

Entrada 10. Recolha de água :

1. **Objetivo:** Lago Kivu
2. **Objetivo:** encontrar uma fonte de água sustentável
3. **Prazo de vencimento:** de 01 de outubro a 01 de dezembro de 2023
4. **Duração:** 2 meses
5. **Responsável:** gestor do programa, logístico, engenheiro e canalizador
6. **Diretor:** logístico, engenheiro e canalizador
7. **Recursos**

- **Humano:** operador logístico, engenheiro e canalizador
- **Equipamento:** Tubos, cimento, areia, varão de betão, gravilha, carrinho de mão, pás,
- **Financeiro:** fundos afectados à empresa

Entrada 11. Construir 21 tubos verticais :

1. **Objetivo:** o aglomerado de Rusayo
2. **Objetivo:** Dispor de fontanários
3. **Prazo de vencimento:** de 05 de outubro a 05 de dezembro de 2023
4. **Duração:** 2 meses

5. **Responsável:** gestor de programa, logístico e engenheiro
6. **Diretor:** logístico, engenheiro e canalizador
7. **Recursos**

- **Humano:** operador logístico, engenheiro e canalizador
- **Equipamento:** Tubos, cimento, areia, varão de betão, gravilha, carrinho de mão, pás,
- **Financeiro:** fundos afectados à empresa

Entrada 12. Alimentação de água :

1. **Objetivo:** o aglomerado de Rusayo
2. **Objetivo:** construir uma rede de distribuição de água
3. **Prazo:** De 10 a 13 de dezembro de 2023
4. **Duração:** 4 dias
5. **Responsável:** gestor do programa, engenheiro e canalizador
6. **Diretor:** gestor do programa, o engenheiro e o canalizador
7. **Recursos**

- **Humanos:** gestor de programas, engenheiro e canalizador
- **Equipamento:**
- **Financeiro:** fundos afectados à empresa

Entrada13. Entregar os fontanários ao governo congolês:

1. **Alvo:** O aglomerado de Rusayo
2. **Objetivo:** tornar o projeto sustentável através de uma gestão participativa
3. **Prazo de validade:** 24 de dezembro de 2023
4. **Duração:** 1 dia
5. **Responsável:** Coordenador, gestor do programa e engenheiro
6. **Diretor:** Coordenador, gestor de programa e engenheiro
7. **Recursos**

- **Humanos:** Coordenador, gestor do programa e engenheiro
- **Equipamento:**
- **Financeiro :**

Entrada 14. Acompanhar as actividades do projeto :

1. **Objetivo:** acompanhar diariamente as actividades do projeto
2. **Objetivo:** Todo o pessoal do projeto
3. **Prazo de vencimento:** De 01 de janeiro de 2023 a 01 de janeiro de 2024
4. **Duração:** 12 meses
5. **Pessoa responsável:** Coordenador e gestor do programa
6. **Diretor:** gestor do programa
7. **Recursos**

- **Humanos:** Coordenador e Gestor do Programa
- **Material:** relatórios por serviço e ficha de controlo

- **Financeiro :**

Entrada 15: Avaliar as actividades do projeto :

1. **Objetivo:** Avaliar os resultados do projeto
2. **Objetivo:** todos os parceiros do projeto
3. **Prazo de vencimento:** de 27 de abril a 01 de maio de 2023

Duração: 5 dias

De 27 a 31 de agosto de 2023

Duração: 5 dias

De 28 de dezembro de 2023 a 1 de janeiro de 2024

Duração: 7 dias

4. **Responsável:** Organismo de financiamento e coordenador
5. **Diretor**: financiador e coordenador
6. **Recursos**

- **Humanos:** todo o pessoal
- **Material:** relatórios mensais e trimestrais, relatório do coordenador e dossier do projeto
- **Financeiro :**

I. CALENDÁRIO DE ACTIVIDADES

Nº	^^^^JJeriodos ActivïtèS^^^^	2023												2014
		janeiro	fevereiro	março	abril	maio	junho	julho	agosto	Sete.	outubro	Nov.	Dez.	janeiro
01	Mobilização do fundo													
02	Contactar os dirigentes e as autoridades													
03	Recrutamento e formação do pessoal													
04	Escolha do local do reservatório principal e da estação de tratamento de água													
05	Ambientes de destino para 21 tubos verticais													
06	Compra de materiais de construção													
07	Compra de materiais de canalização													
08	Construção do tanque principal													
09	Construção da estação de tratamento de águas													
10	Recolha de água													
11	Edifício 21 terminais													

	fontes													
12	Levar água a Feau ;													
13	Entrega dos tubos de escape ao governo congolês;													
14	Acompanhar as actividades do projeto													
15	Avaliação do projeto													

Legenda

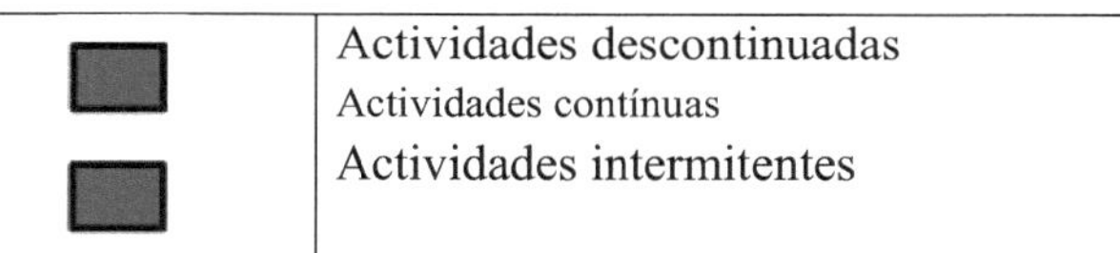

II. ORÇAMENTAÇÃO DE PROJECTOS

Tableau 1. O pessoal

N°	Função	Grau	Não.	Mês	Salário mensal	Salário líquido
1	Coordenador	Despedimentos em Dvlpt	1	12	1000	12 000
2	Gestor do programa	Atualização para Dvlpt	1	9	900	8100
3	Diretor Financeiro	Licenciamento em contas.	1	9	800	7200
4	Secretário	Graduar para Info	1	9	600	5400
5	Contabilista	Licenciatura em Contabilidade	1	9	700	6300
6	Caixa	Licenciatura em Gestão	1	9	500	4500
7	Técnico de logística	TDR	1	9	500	4500
8	Engenheiro de construção	Bacias de drenagem	1	5	900	4500
9	Canalizador	Licenciamento de canalizações	1	4	500	2000
	Mão de obra de construção					
10	Sentinela	Licenciado	3	4	100	400
11	Pedreiros	Edifício Ir	30	4	520	2080
12	Ajudantes de pedreiro	-	60	4	400	1600
TOTAL						58580$

Tableau 2. Aquisição de material de construção

N°	Designação	U.P. em $ (em $)	Quantidades	P.T. em $ (em $)
1	Cimentos	18	1000 sacos	18 000

2	Varão para betão armado	1500/T	1 tonelada	1500
3	Cascalho	200/camião	4 Camiões	800
4	Areia	150/camião	10 camiões	1500
5	Pedras	10$/m³	300 m ³	3000
TOTAL				24800

Tableau 3. Aquisição de material de canalização

N°	Designação	U.P. em $ (em $)	Quantidades	P.T. em $ (em $)
1	**Torneira**	6	30	180
2	**Tubo 10**	10	1000	10 000
3	**Tubo 50(2p)**	50	800	40 000
4	**Cola para a casa de campo**	36	10 latas	360
4	**Filtros**	1500	2 peças	3000
TOTAL				53 540

Tableau 4. Material circulante e combustível

N°	Designações	P.U	Quantidades	Período	P.T. em
1	**Camiões**	2000	2	3	12000
2	**Combustíveis**	1	4001/mês	3	36 00
TOTAL					15 600

Quadro 4. Resumo da orçamentação

N°	Designação	Montante em
1	**Pessoal**	585 880
2	**Aquisição de material de construção**	24 800
3	**Aquisição de material de canalização**	53540
4	**Material circulante e combustível**	15 600
TOTAL		655 020

Quadro 5. Fonte de financiamento

N°	Parceiros	Contribuições
1	**Corpo de misericórdia 60**	393 012$
2	**Participação local 40%.**	262 002$
TOTAL		655 020$

III. QUADRO LÓGICO

^jgique hor. Lógica verde.	Resumo Narrativo (NS)	Indicador objetivamente verificável (OVI)	Meios de verificação (MV)	Estado crítico
Objetivo	Redução do risco de efeitos na saúde das cinzas vulcânicas emitidas pelo vulcão Nyiragongo no grupo RUSAYO.	Até 2024, o risco de efeitos na saúde das cinzas vulcânicas emitidas pelo vulcão Nyiragongo no grupo RUSAYO será reduzido.	• Relatório dos consultores • Relatório do coordenador	-
Objetivo	Construção de 21 fontanários no grupo Rusayo.	21 fontanários construídos até janeiro de 2024 no aglomerado de Rusayo.	• Relatório do coordenador • Relatório do gestor do programa • Vídeos, fotografias	Que a construção dos fontanários está bem feita
resultados	• Fundos procurados e obtidos ; • Dirigentes e autoridades contactados; • Recrutamento e formação de pessoal ; • O terreno para o reservatório principal e a estação de tratamento de águas escolhido ; • Os meios de comunicação para 21 tubos verticais direccionados ; • Aquisição de material de construção ; • Equipamento de canalização	• 40% dos fundos concedidos até abril de 2023 e 60% durante o projeto. • 10 líderes e 18 autoridades locais contactadas; • 9 agentes recrutados, 30 pedreiros contratados e 60 pedreiros assistentes contratados e formados; • Escolha de um terreno para o reservatório principal e a estação de tratamento de águas; • 21 ambientes de destino dos tubos verticais ;	• Correio eletrónico • Recarga, • Contas • Cheques • Extrato do banco • Trabalho contrariado • Receitas • Ficha de acompanhamento • Fotografia • Contrato de aluguer • Contrato de trabalho	• Que o fundo de investigação seja obtido • O facto de o local ser um pouco afastado das habitações • Que o serviço satisfaz os critérios • Pessoal competente • Que o equipamento é de boa qualidade • Verificar se as bocas de incêndio estão bem
	adquirido ; • O reservatório principal construído ;	• Todos os materiais de construção		construído • Controlo regular

	• A estação de tratamento de águas está a construir ; • Captações de água; • 21 construção de tubos verticais ; • O abastecimento de água é ; • Os fontanários foram entregues ao governo congolês; • Acompanhamento das actividades do projeto ; • O projeto é avaliado	adquiridos e armazenados • Todos os materiais de canalização adquiridos e armazenados ; • 1 reservatório construído • 1 Estação de tratamento de Teau construída ; • Várias bacias hidrográficas de Teau made ; • 21 bocas de incêndio bem construídas; • O abastecimento de água é muito bem efectuado em todo o grupo Rusayo; • 21 bocas-de-incêndio entregues ao governo congolês em boas condições; • 48 acompanhamentos efectuados • 4 avaliações efectuadas		• Que a avaliação é objetiva
Entradas	• Pesquisa de fundos ; • Contactar os dirigentes e as autoridades; • Recrutamento e formação do pessoal; • Escolha do local para o reservatório principal e a estação de tratamento de água;	• Salários do pessoal: 585.880$00 • Compra de materiais de construção: $24.800 • Compra de materiais de canalização: $53540 • Material circulante e combustível: $15.600 **Total: $655,020**	• Contas • Cheques • Folhas de remuneração do pessoal • Livro de caixa • Livro bancário • Descarga	• Assegurar que o financiamento chega a tempo • O terreno é obtido na data prevista • Que o equipamento seja comprado • Que as construções sejam efectuadas
	• Zonas-alvo para as			• O

	bocas-de-incêndio Zl ; • Compra de materiais de construção; • Compra de materiais de canalização; • Construção do tanque principal; • Construção da estação de tratamento de águas; • Captação de água; • Construir 21 tubos de suporte; • Abastecimento de água ; • Entregar os tubos de escape ao governo congolês; • Acompanhar as actividades do projeto ; • Avaliar o projeto.			acompanhamento é assegurado • Que o projeto seja avaliado

CONCLUSÃO GERAL

Aqui estamos no final do nosso trabalho, que foi de importância capital para nós, porque nos ajudou a aprofundar os nossos conhecimentos na gestão de problemas comunitários, fornecendo soluções eficazes e participativas; o nosso trabalho que se debruçou sobre "**Os conhecimentos, atitudes e práticas dos habitantes de Rusayo em relação aos efeitos das cinzas vulcânicas na saúde**".

O nosso trabalho é composto por três capítulos, o primeiro dos quais apresenta o grupo Rusayo e informações gerais sobre os conhecimentos, atitudes e práticas dos habitantes de Rusayo relativamente aos efeitos das cinzas vulcânicas na saúde; o segundo capítulo trata da abordagem metodológica, apresentação e discussão dos resultados do inquérito e, finalmente, o terceiro capítulo inclui um projeto de desenvolvimento para a construção de fontanários no grupo Rusayo.

Para realizar este estudo, colocámos a nós próprios uma série de questões, sendo a **principal**: Qual é o nível de conhecimento dos habitantes de RUSAYO sobre os efeitos para a saúde das cinzas vulcânicas emitidas pelo vulcão Nyiragongo? E as **perguntas específicas:** Quais são as atitudes dos habitantes de RUSAYO em relação às cinzas vulcânicas emitidas pelo vulcão Nyiragongo? Como é que os habitantes de RUSAYO se protegem das cinzas vulcânicas emitidas pelo vulcão Nyiragongo? E, finalmente, qual é a solução para atenuar os efeitos das cinzas vulcânicas emitidas pelo vulcão Nyiragongo na saúde?

A estas questões propusemos algumas respostas provisórias por meio de hipóteses; **Hipótese principal:** os habitantes de RUSAYO teriam pouco conhecimento dos efeitos nocivos para a saúde das cinzas vulcânicas emitidas pelo vulcão Nyiragongo; e **Hipóteses específicas: as** atitudes dos habitantes de RUSAYO em relação às cinzas vulcânicas seriam entrar em pânico e abandonar a zona de precipitação, considerando-as um fenómeno normal; as práticas dos habitantes de RUSAYO para se protegerem das cinzas vulcânicas seriam : manter o gado afastado da zona de precipitação, beber água da chuva e não fazer nada de especial em caso de precipitação de cinzas vulcânicas; a construção de fontanários no grupo RUSAYO e/ou a capacitação da população de RUSAYO sobre o tema das cinzas vulcânicas seria uma solução para este problema.

No início deste estudo, estabelecemos os seguintes objectivos:

Objetivo geral: Reduzir o risco de efeitos na saúde das cinzas vulcânicas emitidas pelo vulcão Nyiragongo no agrupamento RUSAYO.

Objectivos específicos: Avaliar as atitudes dos habitantes de RUSAYO em relação às cinzas vulcânicas emitidas pelo vulcão Nyiragongo; Determinar as práticas dos habitantes de RUSAYO em relação às cinzas vulcânicas emitidas pelo vulcão Nyiragongo; Desenvolver um projeto de construção de fontanários no grupo RUSAYO e/ou de reforço das capacidades dos habitantes de RUSAYO em relação às cinzas vulcânicas emitidas pelo vulcão Nyiragongo.

Para recolher os dados, utilizámos vários métodos e técnicas, incluindo métodos descritivos, analíticos e estatísticos, bem como técnicas documentais, questionários e observação livre.

Após os inquéritos, verificámos que os habitantes têm conhecimentos suficientes sobre as cinzas vulcânicas, pelo que a nossa hipótese principal foi invalidada. Quanto às atitudes, têm boas atitudes, pelo que a nossa primeira hipótese específica também foi invalidada. Quanto às práticas, não existem boas práticas, pelo que a nossa segunda hipótese foi confirmada. Quanto à solução para atenuar os efeitos na saúde das cinzas vulcânicas emitidas pelo vulcão Nyiragongo, a construção de fontanários foi a melhor opção para os habitantes de Rusayo.

BIBLIOGRAFIA

A. Livros e artigos

1. **Anais da Etiópia 2010/Vol 25**
2. **Cathy clerbaux at al.** *Measuring SO2 and volcanic ash with IASS, Meteorology, Weather and climate*, **2011**
3. **Charles M Balagizi at al.** *riscos naturais em Goma e no sistema de fendas africano* **2018**
4. **Charles M Balagizi at al.** *Temperatura do solo e desgaseificação de co2, fluxos e observações no terreno antes e depois da nova abertura de 29 de fevereiro de 2016 na cratera de Nyiragongo*, **2016**
5. **CUOCO E. at al.** *Impacto da emissão de plumas vulcânicas na química da água da chuva: o caso do Monte Nyiragongo na região vulcânica do Virunga, 2013 Nyiragongo na região vulcânica de Virunga*, **2013**
6. **Dian Fiantis at al**. *Cinzas vulcânicas, insegurança para as pessoas mas garantia de um solo fértil para o futuro*, março de 2019, p. 20
7. **Henry Gaudru**, *l'homme face aux risques volcaniques*, Paris, 2008 p180
8. **Horwell C I. at al.** *Physicochemical and toxicolocal profiling of ash from the 2010 and 2011 eruption of Eyjafjalla JOKULL and Crimsvotn Volcanos*, **2O12 p11**
9. **Horwell C I**. at al. Utilização de proteção respiratória em Yogyakarta durante a erupção de 2014 do kelud, Indonésia, perspetiva da comunidade e da agência 2016
10. **Rede internacional de risco para a saúde vulcânica (IVHHN), IAVCEI, GNS science e VSGS**; *os riscos para a saúde das cinzas vulcânicas: um guia para o público*; 2003 P20
11. **Universidade de Florença, OVG e GENEVA;** *o impacto das erupções vulcânicas na saúde,* **2005**
12. **LAUBET D**.B Jean louis; initiation aux méthodes de recherche en science sociales ; l'harmattan, Paris, p20
13. **Organização da Aviação Civil Internacional (ICAO),** *Volcanic Ash Manual, Radioactive Material and Toxic Chemical Cloud*, **2007 p80**
14. **Sarah SCAGLIONE at al**. *Impacto ambiental das emissões vulcânicas em Nyiragongo (RDC),* 2014 p19
15. **Teade NEIL**; *Como um vulcão na Islândia pode perturbar o espaço aéreo europeu,* 2010

B. TFC e Memórias

1. **MAPENZI BALUME**, *conhecimento, atitude da população face aos riscos das actividades vulcânicas sobre a vida socioeconómica na cidade de Goma, caso específico da comuna de Goma, 2015*

2. **NDULU JUAKALI Médiatrice,** *Rôle de l'observatoire volcanologique de Goma sur la protection de la population de Goma, avant et après l4eruption du volcan nyiragongo du 17 janvier 2002 dans la ville de Goma*, **2016**
3. **Julien LUKUBIKA,** *conhecimentos, atitudes e práticas dos agregados familiares na cidade de Goma sobre os riscos associados à proximidade do vulcão Nyiragongo, caso do bairro Majengo,* **2019**
4. **Espoir B,** *O problema da pluma de gás vulcânico e o seu impacto na saúde da população de Goma e arredores*; Goma, 2013

C. Sítio Web

1. https://fr.wikipedia.org/wiki/Connaissance filosofia
2. www.grandlacksnews.comm/l-ovg-rassure-après-la-chute-des-cendres-vulcões-na-zona-em-redor-do-vulcão-nyiragongo
3. https://fr.wikipedia.org/wiki/Connaissance filosofia
4. https://www.universalis.fr-encyclopedie-attitude-1 -o-conceito-atitude
5. https://fr.wikipedia.org/wiki/Cendre volcano/definition
6. www.georisques.gouv.fr/dossier/volcanisme

Printed by Books on Demand GmbH, Norderstedt / Germany